Dissertationen der
Johannes Kepler-
Universität
Linz

21

Wilfried Renner

Planung und Anwendung von unvollständigen Blockversuchen

VWGÖ

Wien 1980

CIP-Kurztitelaufnahme der Deutschen Bibliothek

Renner, Wilfried : Planung und Anwendung von unvollständigen Blockversuchen / Wilfried Renner.
- Wien : VWGÖ, 1980.
(Dissertationen der Johannes-Kepler-Universität Linz ; 21)
ISBN 3-85369-435-7

Approbiert 22. 5. 1980
Begutachter: o. Prof. Dr. Friedrich Sixtl
o. Prof. Dipl.-Soz. Dr. Kurt Holm
Gefördert durch Das Bundesministerium für Wissenschaft und Forschung in Wien

Druck: Johannes Kepler-Universität Linz, A-4040 Linz
Einfachband
ISBN 3-85369-435-7

GLIEDERUNG

Seite

1. ALLGEMEINE RANDOMISIERTE BLOCKPLÄNE

1.1. Einleitung

Klassische Abhandlungen über die Versuchsplanung betonen die Notwendigkeit der Variation von (vermuteten) verursachenden Faktoren in einem Experiment, um den Effekt, den sie auf eine abhängige Variable ausüben, studieren zu können. Der Wert inferenzstatistischer Schlußfolgerungen, die nach der Auswertung eines Experiments gezogen werden, hängt nun aber ganz wesentlich von der Planung des Experiments und der Gültigkeit der getroffenen Annahmen ab. Die Adäquatheit des Modells bzw. die Repräsentativität der Stichprobe kann weder per Annahme noch per definitionem erreicht werden; so ist häufig das - via "Modellannahme" eingeführte - Nichtvorhandensein von Interaktionen verursachender Faktoren ein Hauptgrund für falsche Schlußfolgerungen, etwa im Hinblick auf eine eventuelle optimale Faktorallokation.

Die Ausgangssituation bei einem Experiment ist aber auch häufig dadurch gekennzeichnet, daß man keineswegs über eine vollständige Liste verursachender Faktoren verfügt: diese Faktoren werden somit im Experiment auch nicht beachtet und es werden dann den im Experiment beachteten Faktoren (fälschlicherweise) Auswirkungen auf die abhängige Variable zugeschrieben, die de facto auf das Konto nicht beachteter verursachender Faktoren gehen.

Randomisierte Versuchspläne als Möglichkeit zur Vermeidung solcher Fehlerquellen gehen auf R.A. Fisher (1935) zurück und basieren auf folgendem einfachen Prinzip: bestimmte Faktorkombinationen sollen im Rahmen eines Experiments den Versuchseinheiten zufällig zugeordnet werden; jede Faktorkombination hat dann die gleiche Chance, einer jeden der in Frage kommenden Versuchseinheiten zugeordnet zu werden, sodaß die im Experiment nicht beachteten Faktoren die Effekte der beachteten Faktoren (zumindest) nicht systematisch verzerren.

Denkt man etwa an landwirtschaftliche Versuchspläne mit Anbauflächen als Versuchseinheiten oder an Experimente mit Tieren als Versuchseinheiten, so ist oft allein die (physische oder genetische) Verschiedenheit eben dieser Versuchseinheiten Ursache für Faktoren, die nicht im Experiment beachtet werden, ja oft gar nicht beachtet werden sollen ("Störfaktor", nuisance factor). Es erscheint somit bei der Anlage eines Versuchs sinnvoll, eher mehrere (kleine) Gruppen ("Blöcke") von einander sehr ähnlichen Versuchseinheiten anzulegen als eine einzige Gruppe von sehr vielen heterogenen Versuchseinheiten (→"Blockpläne"). In Blockplänen stellen die Blöcke ihrerseits solche Störfaktoren dar.

In den (klassischen) randomisierten Blockplänen werden v Verfahren (Faktoren, treatments) in b Blöcken untersucht, wobei es für jedes Verfahren in jedem Block genau eine Beobachtung gibt (vollständige Blockpläne). Blöcke können nun aber von Natur aus eine beschränkte Größe haben: man denke dabei etwa wieder an landwirtschaftliche Versuchspläne, bei denen die Blöcke irgendwelche Felder sind oder aber an medizinische Versuchspläne, bei denen Versuchstiere die Blöcke und z.B. die Augen des Versuchstiers die "Parzellen" der Blöcke darstellen; zum anderen kann es zweckmäßig sein, die Blöcke absichtlich relativ klein zu halten, um somit die gewünschte Homogenität innerhalb der Blöcke zu erhalten (unvollständige Blockpläne). In der vorliegenden Arbeit beschäftigen wir uns mit den speziellen Eigenschaften und Problemen solcher unvollständigen Blockpläne.

1.2. Die statistische Analyse von Blockplänen

1.2.1. Bezeichnungen

Wir führen folgende Bezeichnungen ein:

b .... Anzahl der Blöcke

k_j .... Anzahl der Parzellen (Stellen, Plätze, "plots") im j-ten Block

v .... Anzahl der auf die Parzellen der Blöcke anzuwendenden Verfahren (treatments); $v \geq k_j$

r_i .... Anzahl der mit Verfahren i besetzten Parzellen

n_{ij} ...... Anzahl der Parzellen im j-ten Block, die mit Verfahren i besetzt sind ($i=1,\ldots,v;j=1,\ldots,b$)

Ein Blockplan kann durch b sog. "Verfahrensmatrizen" $\mathbf{T}_j$ $(j=1,..,b)$ der Ordnung $(k_j \times v)$ für jeden Block vollständig beschrieben werden:

$$\{\mathbf{T}_j\}_{li} = \begin{cases} 1 \text{ .... Verfahren i ist der l-ten Parzelle zugeordnet} \\ 0 \text{ .... sonst} \end{cases}$$

Jede Zeile von $\mathbf{T}_j$ enthält dann genau eine Eins, eine Spalte kann hingegen soviele Einsen enthalten, als es die Zahl n_{ij} zuläßt. Enthält jede Spalte von $\mathbf{T}_j$ höchstens eine Eins ($\Leftrightarrow n_{ij}=0$ oder 1), so nennen wir den Versuchsplan "binär": kein Verfahren kann mehr als einer Parzelle eines Blocks zugeordnet werden.

Ist lediglich die Zuordnung der Verfahren zu Blöcken (egal an welcher Position im Block) von Belang, so enthält die sog. "Inzidenzmatrix" $\mathbf{N}=((n_{ij}): i=1,..,v;j=1,..,b)$ die gesamte in den b Matrizen $\mathbf{T}_j$ enthaltene Information:

$n_{ij} = a \Leftrightarrow$ Verfahren i kommt in Block j gerade a mal vor $(a=0,1,2,..)$

Zwischen den Verfahrensmatrizen $\mathbf{T}_j$ und der Inzidenzmatrix $\mathbf{N}$ eines Versuchsplans bestehen folgende Beziehungen:

(1.1) $\mathbf{T}'_j \cdot \mathbf{1}_{k_j} = \mathbf{N}_j$ (mit: $\mathbf{N}_j$ ... j-ter Spaltenvektor von $\mathbf{N}$
$\mathbf{1}_p$ ... Spaltenvektor aus p Einsen)

(1.2) $\mathbf{T}'_j \cdot \mathbf{T}_j = \text{diag}\,(\mathbf{N}_j)$ (mit: diag ($\mathbf{Z}$) ... Diagonalmatrix mit dem Spaltenvektor $\mathbf{Z}$ als Diagonale)

Bezeichne $\mathbf{R}$ ... (vxv) = diag ($\mathbf{r}$); ($\mathbf{r}'$ = $(r_1,..,r_v)$)

$\mathbf{K}$ ... (bxb) = diag ($\mathbf{k}$); ($\mathbf{k}'$ = $(k_1..,k_b)$),

dann gilt offensichtlich:

(1.3) $\mathbf{R1}_v = \mathbf{N1}_b$

(1.4) $\mathbf{K1}_b = \mathbf{N'1}_v$

Ein (binärer) Blockplan heißt <u>vollständig</u>, wenn k_1 .. = k_b = v; er heißt <u>unvollständig</u>, wenn $k_j < v$ für mindestens ein j = 1,..,b.

Die Matrix $\mathbf{NN'}$ heißt "Interblockmatrix" des Versuchsplans; ist der Plan binär, dann gibt $\{\mathbf{NN'}\}_{hi} =: \lambda_{hi} = \sum_j n_{hj}\, n_{ij}$ an, wie oft Verfahren h und i zusammen im gleichen Block vorkommen.

1.2.2. Das Modell

Bezeichne y_{ij} den in einer Parzelle im j-ten Block gewonnenen Meßwert, auf die Verfahren i angewendet wurde, dann unterstellen wir folgendes Modell:

(1.5)
$$y_{ij} = \mu + \tau_i + \beta_j + e_{ij} \quad .$$

mit μ ..... allgemeines Mittel

τ_i ..... i-ter Verfahrenseffekt (i=1,..,v)

β_j ..... j-ter Blockeffekt (j=1,..,b)

e_{ij} ..... Fehlerglied

Für die Fehlerglieder treffen wir (für Testzwecke) die üblichen Annahmen, d.h.: sie seien paarweise unabhängig verteilt nach $N(0,\sigma_e^2)$.

Die Minimierung der Fehlerquadratsumme (gemäß der Methode der kleinsten Quadrate) führt auf folgendes Normalgleichungssystem:

(1.6)
$$G = N\,\hat{\mu} + \sum_i r_i\,\hat{\tau}_i + \sum_j k_j\hat{\beta}_j$$

$$T_i = r_i\hat{\mu} + r_i\hat{\tau}_i + \sum_j n_{ij}\hat{\beta}_j \qquad (i=1,..,v)$$

$$B_j = k_j\hat{\mu} + \sum_i n_{ij}\hat{\tau}_i + k_j\hat{\beta}_j \qquad (j=1,..,b)$$

Dabei ist

$N = \sum_i r_i = \sum_j k_j$

T_i ..... Summe der Meßwerte bezüglich des i-ten Verfahrens

B_j ..... Summe der Meßwerte des j-ten Blocks

$G = \sum_i T_i = \sum_j B_j$

Bilden wir $Q_i := T_i - \sum_{j=1}^{b} \frac{n_{ij}B_j}{k_j}$ $(i=1,..,v)$, so kommen in diesen Größen das allgemeine Mittel und die Blockeffekte nicht mehr vor ("adjustierte Summen"):

$$(1.7) \qquad Q_i = T_i - \sum_{j=1}^{b} \frac{n_{ij}B_j}{k_j} = r_i\,\hat{\tau}_i - \sum_{h=1}^{v} \Big(\sum_j \frac{n_{ij}n_{hj}}{k_j}\Big)\,\hat{\tau}_h$$

In Matrixschreibweise ergeben sich die Normalgleichungen dann zu:

$$(1.8) \qquad \begin{pmatrix} G \\ \mathbf{T} \\ \mathbf{B} \end{pmatrix} = \begin{pmatrix} N & \mathbf{1}_v'\mathbf{R} & \mathbf{1}_b'\mathbf{K} \\ \mathbf{R}\mathbf{1}_v & \mathbf{R} & \mathbf{N} \\ \mathbf{K}\mathbf{1}_b & \mathbf{N}' & \mathbf{K} \end{pmatrix} \cdot \begin{pmatrix} \hat{\mu} \\ \hat{\boldsymbol{\tau}} \\ \hat{\boldsymbol{\beta}} \end{pmatrix}$$

mit:

$\mathbf{T}' = (T_1,..,T_v)$; $\mathbf{B}' = (B_1,..,B_b)$

$\hat{\boldsymbol{\tau}}' = (\hat{\tau}_1,..,\hat{\tau}_v)$; $\hat{\boldsymbol{\beta}}' = (\hat{\beta}_1,..,\hat{\beta}_b)$

Multiplizieren wir beide Seiten der Gleichung (1.8) von links mit

$$\mathbf{F} := \begin{pmatrix} \frac{1}{N} & \mathbf{O}_v' & \mathbf{O}_b' \\ \mathbf{O}_v & \mathbf{I}_v & -\mathbf{N}\mathbf{K}^{-1} \\ \mathbf{O}_b & -\mathbf{N}'\mathbf{R}^{-1} & \mathbf{I}_b \end{pmatrix}$$

(wobei $\mathbf{O}' = (00\ldots0)$
$\mathbf{I}_p$ ... Einheitsmatrix der Ordnung $(p\times p)$)

dann erhalten wir unter Berücksichtigung von (1.3), (1.4) die sog. "reduzierten Normalgleichungen":

$$\frac{G}{N} = \hat{\mu} + \frac{1}{N}\mathbf{1}'R\hat{\tau} + \frac{1}{N}\mathbf{1}'K\hat{\beta}$$

(1.9) $$Q = T - NK^{-1}B = (R - NK^{-1}N')\,\hat{\tau}\,;\; Q' = (Q_1,\ldots,Q_v)$$

$$B - N'R^{-1}T = (K - N'R^{-1}N)\,\hat{\beta}$$

Mit den Reparametrisierungsbedingungen

$$\sum_i r_i\tau_i = \mathbf{1}'R\tau = 0$$

(1.10)

$$\sum_j k_j\beta_j = \mathbf{1}'K\beta = 0$$

wird die erste der Gleichungen in (1.9) zu

(1.11) $$\hat{\mu} = \frac{G}{N} =: \bar{y}_{..}$$

Schätzer $\hat{\tau}_i$ für die Verfahrenseffekte erhalten wir später (speziell für "verbundene") Pläne aus der zweiten Zeile des Gleichungssystems (1.9), die von der Form $Q = C\hat{\tau}$ mit $C = R - NK^{-1}N'$ ist. Diese Matrix $R - NK^{-1}N'$ spielt in der Theorie der unvollständigen Blockpläne eine ausgezeichnete Rolle und soll im folgenden als "C-Matrix des Versuchsplans" bezeichnet werden.

Zur Bestimmung der Regressionsquadratsumme führen wir die dritte Zeile aus (1.8) explizit an:

$$B = K\mathbf{1}_b\,\hat{\mu} + N'\hat{\tau} + K\hat{\beta}$$

und daraus:

(1.12) $$\hat{\beta} = K^{-1}B - K^{-1}N'\hat{\tau} - \mathbf{1}_b\,\hat{\mu}$$

Mit $\mathbf{Y}$ als Spaltenvektor der N Beobachtungswerte y_{ij} läßt sich die Fehlerquadratsumme SS_E stets darstellen gemäß: (vgl. etwa Kendall & Stuart, Bd. 2 (1968)):

$$SS_E = \mathbf{Y}'\mathbf{Y} - \mathbf{T}'\hat{\boldsymbol{\tau}} - \mathbf{B}'\hat{\boldsymbol{\beta}}$$

Wir bestimmen eine Fehlerquadratsumme SS_1 unter der Hypothese, daß es keine Unterschiede in den Verfahrenseffekten gibt, sodaß nur die Blockparameter $\beta_1, \ldots, \beta_b$ geschätzt werden müssen. Die Differenz $SS_1 - SS_E$ kann dann der Quadratsumme zu Lasten der ("adjustierten") Verfahrensunterschiede $SS_{v(adj)}$ zugerechnet werden. Bei Gültigkeit dieser Hypothese ist dann wegen (1.12)

$$(\hat{\boldsymbol{\beta}})_{\hat{\boldsymbol{\tau}}=0} = \mathbf{K}^{-1}\mathbf{B} - \mathbf{1}_b\hat{\mu}$$

und somit:

$$SS_1 = \mathbf{Y}'\mathbf{Y} - \mathbf{B}'(\mathbf{K}^{-1}\mathbf{B} - \mathbf{1}_b\hat{\mu}) = \mathbf{Y}'\mathbf{Y} - \mathbf{B}'\mathbf{K}^{-1}\mathbf{B} + \mathbf{B}'\mathbf{1}_b\hat{\mu}$$

$$SS_1 - SS_E = (\mathbf{Y}'\mathbf{Y} - \mathbf{B}'\mathbf{K}^{-1}\mathbf{B} + \mathbf{B}'\mathbf{1}_b\hat{\mu}) - (\mathbf{Y}'\mathbf{Y} - \mathbf{T}'\hat{\boldsymbol{\tau}} - \mathbf{B}'\mathbf{K}^{-1}\mathbf{B} + \mathbf{B}'\mathbf{K}^{-1}\mathbf{N}'\hat{\boldsymbol{\tau}} + \mathbf{B}'\mathbf{1}_b\hat{\mu})$$

(1.13) $$SS_{v(adj)} = \mathbf{T}'\hat{\boldsymbol{\tau}} - \mathbf{B}'\mathbf{K}^{-1}\mathbf{N}'\hat{\boldsymbol{\tau}} = (\mathbf{T}' - \mathbf{B}'\mathbf{K}^{-1}\mathbf{N}')\hat{\boldsymbol{\tau}} = \mathbf{Q}'\hat{\boldsymbol{\tau}}$$

Wegen $SS_1 = \mathbf{Y}'\mathbf{Y} - \mathbf{B}'(\hat{\boldsymbol{\beta}})_{\hat{\boldsymbol{\tau}}=0}$ ist $\mathbf{B}'(\hat{\boldsymbol{\beta}})_{\hat{\boldsymbol{\tau}}=0}$ die Quadratsumme zu Lasten der Blöcke bei Nichtbeachtung von Verfahrensunterschieden" und wir bezeichnen sie mit SS_{BoV}:

(1.14) $$SS_{BoV} = \mathbf{B}'\mathbf{K}^{-1}\mathbf{B} - \mathbf{B}'\mathbf{1}_b\hat{\mu} = \mathbf{B}'\mathbf{K}^{-1}\mathbf{B} - G\hat{\mu} = \mathbf{B}'\mathbf{K}^{-1}\mathbf{B} - \frac{G^2}{N}$$

Damit erhalten wir folgende Tabelle der Varianzanalyse für einen allgemeinen Blockplan (siehe Tabelle 1):

Tabelle 1

Varianzursache (VU)	Quadratsumme (SS)	Freiheitsgrade (DF)	Durchschnittsquadrat (MS)
Verfahren (adj.)	$SS_{v(adj.)} = \mathbf{Q}'\hat{\boldsymbol{\tau}} = \Sigma_i \hat{\tau}_i Q_i$	v - 1	$MS_{v(adj.)} = \frac{SS_{v(adj)}}{v-1}$
Blöcke (n.adj.)	$SS_{BoV} = \mathbf{B}'\mathbf{K}^{-1}\mathbf{B} - \frac{G^2}{N}$	b - 1	$MS_{BoV} = \frac{SS_{BoV}}{b-1}$
Rest	SS_E (Differenz)	N-b-v+1	$MS_E = \frac{SS_E}{N-b-v+1} =: s_E^2$
Total	$SS_{Tot} = \mathbf{Y}'\mathbf{Y} - \frac{G^2}{N}$	N - 1	(Test: $F = \frac{MS_{V(adj.)}}{MS_E}$)

1.3. Lineare Kontraste und Verbundenheit von Versuchsplänen

Sei im Rahmen des allgemeinen linearen Modells $\mathbf{Y}$ der Spaltenvektor der Beobachtungswerte mit Cov ($\mathbf{Y}$) = $\mathbf{P}$; ($\mathbf{P}$ ... nonsingulär) und $\boldsymbol{\theta}' = (\mu, \tau_1, .. \tau_v, \beta_1, .., \beta_b)$ der Parametervektor, dann ist

$$\underset{N \times (v+b+1)}{\mathbf{X}} = \begin{pmatrix} \mathbf{1}_N & \mathbf{T}_1 & \mathbf{G}_1 \\ & \vdots & \vdots \\ & \mathbf{T}_b & \mathbf{G}_b \end{pmatrix}$$

mit $\mathbf{T}_j$ ... Verfahrensmatrizen (j = 1,..,b)

$\mathbf{G}_j$ ... (k_j x b) - Matrizen mit $(\mathbf{G}_j)_{lr} = \begin{cases} 1 \text{ .. } r = j & ; (j=1,..,b) \\ 0 \text{ .. sonst} \end{cases}$

die "Designmatrix" des Versuchsplans (d.h.: $\mathbf{X}$ so, daß gilt: $\mathbf{Y} = \mathbf{X}\boldsymbol{\theta} + \mathbf{e}$).

So ist beispielsweise für folgenden Plan mit (v,b) = (4,3)

Block	I	II	III
	1	2	1
	1	3	3
	2		4
	3		

die Designmatrix gegegen durch

$$\mathbf{X} = \left(\begin{array}{c|cccc|ccc} 1 & 1 & 0 & 0 & 0 & 1 & 0 & 0 \\ 1 & 1 & 0 & 0 & 0 & 1 & 0 & 0 \\ 1 & 0 & 1 & 0 & 0 & 1 & 0 & 0 \\ 1 & 0 & 0 & 1 & 0 & 1 & 0 & 0 \\ \hline 1 & 0 & 1 & 0 & 0 & 0 & 1 & 0 \\ 1 & 0 & 0 & 1 & 0 & 0 & 1 & 0 \\ \hline 1 & 1 & 0 & 0 & 0 & 0 & 0 & 1 \\ 1 & 0 & 0 & 1 & 0 & 0 & 0 & 1 \\ 1 & 0 & 0 & 0 & 1 & 0 & 0 & 1 \end{array}\right)$$

Sei nun ferner ℓ ein Spaltenvektor von Konstanten und $\psi = \ell'\theta$ eine schätzbare Funktion (d.h.: es gibt einen Vektor a, sodaß $E(a'Y) = \psi$), dann liefert (vgl. etwa Searle (1971))die (verallgemeinerte) LS-Methode folgendes Normalgleichungssystem:

(1.15a) $$X'P^{-1}X\hat{\theta} = X'P^{-1}Y$$

und als Lösung:

(1.16a) $\hat{\theta} = FX'P^{-1}Y$, wobei F Generalinverse von $X'P^{-1}X$ ist, also

$$X'P^{-1}XFX'P^{-1}X = X'P^{-1}X \quad \text{gilt}$$

Nach (einer verallgemeinerten Form des) Gauß-Markoff-Theorems ist sodann $\hat{\psi} = \ell'FX'P^{-1}Y = \ell'\hat{\theta}$ der beste (minimalvariante) unverzerrte lineare Schätzer ("b.l.u.e.") von ψ mit $\mathrm{Var}(\hat{\psi}) = \ell'F\ell$.

Gilt nun $P = P_0\sigma^2$ (P_0 nonsingulär), so kann man (1.15a) in folgender Form anschreiben:

(1.15b) $$X'P_0^{-1}X\hat{\theta} = X'P_0^{-1}Y$$

mit der Lösung

(1.16b) $\hat{\theta} = F_0X'P_0^{-1}Y$ mit F_0 so, daß gilt: $X'P_0^{-1}XF_0X'P_0^{-1}X = X'P_0^{-1}X$

bzw $F = F_0\sigma^2$

(1.17) und $\hat{\psi} = \ell'F_0X'P_0^{-1}Y$

mit $\mathrm{Var}(\hat{\psi}) = \ell'F_0\ell\sigma^2$

Ist somit im Gleichungssystem $\mathbf{C}\hat{\boldsymbol{\tau}}=\mathbf{Q}$ (Zeile 2 von (1.9)) <u>eine</u> Lösung $\hat{\boldsymbol{\tau}}=\mathbf{D}\mathbf{Q}$ bekannt, dann ist wegen Cov $(\mathbf{Y}) = \mathbf{I}\sigma_e^2$

(1.18) $\hat{\psi}= \boldsymbol{\ell}'\hat{\boldsymbol{\tau}}$ der beste Schätzer für $\psi = \boldsymbol{\ell}'\boldsymbol{\tau}$ mit

(1.19) $\mathrm{Var}\,(\hat{\psi}) = \boldsymbol{\ell}'\mathbf{D}\boldsymbol{\ell}\,\sigma_e^2.$

Wegen $\mathrm{Cov}\,(\mathbf{X}'\mathbf{P}_o^{-1}\mathbf{Y}) = \mathbf{X}'\mathbf{P}_o^{-1}\mathrm{Cov}(\mathbf{Y})\,\mathbf{P}_o^{-1}\mathbf{X} = \mathbf{X}'\mathbf{P}_o^{-1}\mathbf{X}\sigma^2$ gilt insbesondere auch

(1.20) $\mathrm{Cov}\,(\mathbf{Q}) = \mathbf{C}\,\sigma_e^2$

Wir definieren nun:

(1.21) Die lineare Funktion $\boldsymbol{\ell}'\boldsymbol{\tau}$ heißt ein "Kontrast", wenn $\boldsymbol{\ell}'\mathbf{1}_v = 0$; sie heißt "elementarer Kontrast", wenn $\boldsymbol{\ell}$ nur die zwei Werte "+1" und "-1" als Nichtnullelemente hat.

Von (un)vollständigen Blockplänen wird man stets verlangen, daß (zumindest) alle Elementarkontraste unverzerrt geschätzt werden können, m.a.W.: zwischen jedem Paar von Verfahren muß es eine - noch näher zu erläuternde - "Verbindung" geben. Bose (1947) definierte ursprünglich "Verbundenheit" (connectedness) wie folgt:

(1.22a) zwei Verfahren i,j heißen verbunden (in Symbolen: [ij]), wenn es möglich ist, eine Kette von Verfahren $i = \Theta_0, \Theta_1, \ldots, \Theta_n = j$ so zu bilden, daß jedes aufeinanderfolgende Paar von Verfahren in dieser Kette mindestens einmal zusammen in einem Block vorkommt.

(1.22b) Ein Versuchsplan heißt verbunden, wenn alle $\binom{v}{2}$ Paare von Verfahren verbunden sind.

Wir betrachten dazu als Beispiel folgenden Blockplan mit $(v,b) = (7,4)$:

Block	I	II	III	IV
	1	2	4	5
	2	3	5	6
	3	5		7
	4			

In diesem Plan sind etwa die Verfahren 1,7 durch die Kette (1 4 5 7) verbunden. (Ebenso sind alle anderen Paare verbunden).

Dieses Konzept der Verbundenheit wurde von Eccleston & Hedayat (1974) erweitert, die drei Arten von Verbundenheit unterscheiden:

a) zwei Verfahren heißen "lokal verbunden", wenn sie verbunden im Sinne von Bose sind.
Insbesondere gilt: sind jeweils i,j und j,k lokal verbunden, dann auch i,k.

b) zwei verschiedene Verfahren i,j heißen "global verbunden", wenn jede Wiederholung des Verfahrens i mit jeder Wiederholung des Verfahrens j lokal verbunden ist.
Bezeichnen wir die l-te Wiederholung von Verfahren i mit i^l, dann sehen wir, daß im vorigen Beispiel etwa zwar 4^1, 5^1, lokal verbunden sind, nicht aber 4^1, 5^2 oder 4^1, 5^3.
Wir bemerken an dieser Stelle, daß ein vollständiger Blockplan stets global verbunden ist.

c) zwei verschiedene Verfahren i,j heißen "pseudoglobal verbunden", wenn jede Wiederholung des Verfahrens i mit zumindest einer Wiederholung des

Verfahrens j lokal verbunden ist.

Entsprechend (1.22b) heißt ein Versuchsplan lokal (global, pseudoglobal) verbunden, wenn alle Paare von Verfahren lokal (global, pseudoglobal) verbunden sind.

Die Bedeutung der Definition von (inbes. lokal) verbundenen Versuchsplänen ermißt man am besten an der (leicht zu beweisenden) Tatsache, daß alle Elementarkontraste genau dann schätzbar sind, wenn der Plan (zumindest) lokal verbunden ist.

Zur Illustration betrachten wir nochmals das Beispiel auf S. 13;
Es ist etwa mit $Z = y_{11} - y_{41} + y_{43} - y_{53} + y_{54} - y_{74}$:

$$E\,(Z) = (\tau_1 + \beta_1) - (\tau_4 + \beta_1) + (\tau_4 + \beta_3) - (\tau_5 + \beta_3) + (\tau_5 + \beta_4) - (\tau_7 + \beta_4)$$

$$= \tau_1 - \tau_7;\ \psi = \tau_1 - \tau_7 \quad \text{ist schätzbar}$$

Kriterien zur Überprüfung, ob ein Versuchsplan lokal verbunden ist, liefern folgende Sätze:

(1.23) Ein Versuchsplan ist genau dann lokal verbunden, wenn seine Inzidenzmatrix $\mathbf{N}$ nicht wie folgt partitioniert werden kann:

$$\mathbf{N} = \begin{pmatrix} \mathbf{N}_1 & & \mathcal{O} \\ & \mathbf{N}_2 \ddots & \\ \mathcal{O} & & \mathbf{N}_a \end{pmatrix} \qquad \mathbf{N}_i \ \ldots \ \begin{array}{l} 1 < a \leq v; \\ \text{(eingeschränkte) Inzidenz-} \\ \text{matrizen verbundener Subgruppen.} \end{array}$$

Die Aussage gilt genau so, wenn man $\mathbf{N}$ durch $\mathbf{NN'}$ bzw. $\mathbf{C}$ ersetzt.

(1.24) Ein Versuchsplan ist genau dann lokal verbunden, wenn die Inzidenzmatrix **N** des Plans so beschaffen ist, daß $(\mathbf{NN}')^{v-1}$ kein Nullelement enhtält.

Beweis:

Sei $a_{ij}^{(r)} := ((\mathbf{NN}')^r)_{ij}$;

$a_{ij}^{(1)} \neq 0$ bedeutet, daß Verfahren i und j mindestens einmal zusammen im gleichen Block vorkommen; die in (1.22a) definierte Kette enthält kein anderes Symbol außer i und j.

$a_{ij}^{(1)} = 0 \wedge a_{ij}^{(2)} \neq 0$ bedeutet, daß diese Kette neben i und j ein weiteres Symbol enthält; entsprechend bedeutet $a_{ij}^{(1)} = \ldots = a_{ij}^{(r-1)} = 0 \wedge a_{ij}^{(r)} \neq 0$ daß diese Kette neben i und j (r-1) weitere Symbole enthält.

Sind i und j überhaupt verbunden, so kann diese Kette neben i und j höchstens alle weiteren (v-2) Verfahren enthalten, also muß spätestens $a_{ij}^{(v-1)} \neq 0$ sein.

Betrachten wir dazu etwa folgenden Plan für (v,b,k) = (4,3,2):

Block	I	II	III
	1	2	3
	2	3	4

Für diesen Plan ist:

$$NN' = \begin{pmatrix} 1 & 1 & 0 & 0 \\ 1 & 2 & 1 & 0 \\ 0 & 1 & 2 & 1 \\ 0 & 0 & 1 & 1 \end{pmatrix} \quad (NN')^2 = \begin{pmatrix} \cdot & \cdot & \cdot & 0 \\ \cdot & \cdot & \cdot & \cdot \\ \cdot & \cdot & \cdot & \cdot \\ 0 & \cdot & \cdot & \cdot \end{pmatrix} \quad (NN')^3 = \begin{pmatrix} \cdot & \cdot & \cdot & \cdot \\ \cdot & \cdot & \cdot & \cdot \\ \cdot & \cdot & \cdot & \cdot \\ \cdot & \cdot & \cdot & \cdot \end{pmatrix}$$

(· bedeutet Nichtnullelement)

Nur für $(i,j) = (1,4)$ ist eine Kette mit 4 Symbolen (nämlich 1 2 3 4) erforderlich.

Sei nun $\Omega = \{1,..,v\}$; ist ein Blockplan D lokal verbunden, dann bleibt er es u.a. auch, wenn man wahlweise

- einen neuen Block hinzufügt, der nur Elemente aus Ω enthält
- ein Verfahren $i \in \Omega$ einem beliebigen Block hinzufügt
- $r \geq 1$ neue Verfahren $i_1,..,i_r \notin \Omega$ beliebig irgendwelchen (bereits existierenden) Blöcken hinzufügt.

Ferner sieht man unmittelbar folgendes:
Sind zwei Pläne D_1, D_2 mit $\Omega_i = \{i_1,...,i_{v_i}\}$ $(i=1,2)$ jeweils lokal verbunden und ist:

- $\Omega_1 \cap \Omega_2 \neq \emptyset$, dann ist auch $D := D_1 \cup D_2$ lokal verbunden
- $\Omega_1 \cap \Omega_2 = \emptyset$, dann ist auch $D := D_1 \cup D_2 \cup B$ lokal verbunden (wobei B ein Block ist, der zumindest zwei Elemente i,j mit $i \in \Omega_1$, $j \in \Omega_2$ enthalten muß).

Für die Theorie der unvollständigen Blockpläne ist folgender Satz (Chakrabarti (1963)) fundamental:

(1.25) Der Rang r der $\mathcal{C}$-Matrix ist höchstens v-1; ein unvollständiger Blockplan ist dann und nur dann verbunden, wenn
$r(\mathcal{C}) = v - 1$

Beweis:

$$\mathbf{C}\mathbf{1}_v = (\mathbf{R} - \mathbf{N}\mathbf{K}'\mathbf{N}')\mathbf{1}_v = \mathbf{R}\mathbf{1}_v - \mathbf{N}\mathbf{K}'\mathbf{N}'\mathbf{1}_v \underset{\uparrow}{=} \mathbf{N}\mathbf{1}_b - \mathbf{N}\mathbf{K}^{-1}(\mathbf{K}\mathbf{1}_b) = \mathbf{0}_v$$
(1.3),(1.4)

$\mathbf{C}$ ist somit singulär und hat $\mathbf{1}_v$ als Eigenvektor zum Eigenwert $\theta_v = 0$; $r(\mathbf{C})$ ist somit höchstens v - 1.

Sei nun der Plan verbunden und mögen die v - 1 (unabhängigen) Kontraste $\tau_i - \tau_j \neq 0$ (j=1,..,v; j ≠ i) durch $\boldsymbol{\ell}_1'\mathbf{Q}, \ldots, \boldsymbol{\ell}_{v-1}'\mathbf{Q}$ geschätzt werden. Dann ist:
$E(\boldsymbol{\ell}_k'\mathbf{Q}) = E(\boldsymbol{\ell}_k'\mathbf{C}\hat{\boldsymbol{\tau}}) = \tau_i - \tau_j \neq 0 \Rightarrow \boldsymbol{\ell}_k'\mathbf{C}\ (= (\mathbf{C}\boldsymbol{\ell}_k)') \neq \mathbf{0}$

Es gibt somit v - 1 Vektoren $\boldsymbol{\ell}_k$, sodaß $\mathbf{C}\boldsymbol{\ell}_k \neq \mathbf{0}_v$; diese Vektoren $\boldsymbol{\ell}_k$ sind somit Eigenvektoren zu den Nichtnulleigenwerten von $\mathbf{C}$ und damit orthogonal zu $\boldsymbol{\ell}_v = \mathbf{1}_v$, dem zum Eigenwert $\theta_v = 0$ gehörenden Eigenvektor. Da die v - 1 Vektoren $\boldsymbol{\ell}_k$ linear unabhängig sind und $\mathbf{C}$ eine (v x v) - Matrix ist, hat $\mathbf{C}$ den Rang v - 1.

Gilt umgekehrt $r(\mathbf{C}) = v - 1$ und sind $\boldsymbol{\ell}_1, \ldots, \boldsymbol{\ell}_{v-1}$ die zu den Nichtnulleigenwerten $\theta_1, \ldots, \theta_{v-1}$ gehörenden orthonormalen Eigenvektoren, dann ist

$$E(\boldsymbol{\ell}_i'\mathbf{Q}) = \boldsymbol{\ell}_i' E(\mathbf{Q}) = \boldsymbol{\ell}_i'\mathbf{C}\boldsymbol{\tau} = \theta_i \boldsymbol{\ell}_i'\boldsymbol{\tau}$$

und somit auch
$$E\left(\frac{\boldsymbol{\ell}_i'\mathbf{Q}}{\theta_i}\right) = \boldsymbol{\ell}_i'\boldsymbol{\tau}$$

Die Vektoren $\boldsymbol{\ell}_i$ (i = 1,.., v - 1) sind orthogonal zu $\mathbf{1}_v$. Wir betrachten nun den Kontrast $\Psi = \boldsymbol{\ell}^{*\prime}\boldsymbol{\tau}$: da $\boldsymbol{\ell}^*$ immer orthogonal zu $\mathbf{1}_v$ ist, liegt $\boldsymbol{\ell}^*$ in dem von den $\boldsymbol{\ell}_i$ $(i = 1,..,v-1)$ aufgespannten Vektorraum und kann somit als Linearkombination

$$\boldsymbol{\ell}^* = \sum_{i=1}^{v-1} a_i \boldsymbol{\ell}_i$$

geschrieben werden. Somit ist:

$$E\left(\sum_{i=1}^{v-1} \frac{a_i \boldsymbol{\ell}_i' \boldsymbol{Q}}{\theta_i}\right) = \sum_{i=1}^{v-1} a_i \boldsymbol{\ell}_i' \boldsymbol{\tau} = \boldsymbol{\ell}^{*\prime} \boldsymbol{\tau}$$

$\psi = \boldsymbol{\ell}^{*\prime}\boldsymbol{\tau}$ ist somit schätzbar und der Plan ist verbunden.

Für (lokal) verbundene Blockpläne sind alle Elementarkontraste schätzbar und es gilt:

(1.26) Die durchschnittliche Varianz der $\binom{v}{2}$ Schätzer der Elementarkontraste in einem verbundenen Blockplan ist gegeben durch:

$$\bar{V} := \frac{1}{\binom{v}{2}} \sum_{i=1}^{v} \sum_{j>i} \operatorname{Var}(\hat{\tau}_i - \hat{\tau}_j) = \frac{2\sum_{i=1}^{v-1} \frac{1}{\theta_i}}{v-1} \sigma_e^2$$

(mit θ_i ... Eigenwerte der $\boldsymbol{C}$ -Mat

Beweis:
Seien wieder $\boldsymbol{\ell}_1,..,\boldsymbol{\ell}_{v-1}$ die zu den Nichtnulleigenwerten $\theta_1,..,\theta_{v-1}$ gehörenden orthonormalen Eigenvektoren von $\boldsymbol{C}$. Wir betrachten die Spektralzerlegung der $\boldsymbol{C}$ -Matrix:

$$\boldsymbol{C} = \sum_{i=1}^{v-1} \theta_i \boldsymbol{\ell}_i \boldsymbol{\ell}_i'$$

und zeigen zunächst, daß

(1.27) $$\hat{\boldsymbol{\tau}} = \left(\sum_{i=1}^{v-1} 1/\theta_i \, \boldsymbol{\ell}_i \boldsymbol{\ell}'_i\right) \boldsymbol{Q}$$

eine Lösung des Normalgleichungssystems $\boldsymbol{Q} = \boldsymbol{C}\hat{\boldsymbol{\tau}}$ ist:

der zum Eigenwert $\theta_v = 0$ gehörende normierte Eigenvektor $\boldsymbol{\ell}_v$ ist $1/\sqrt{v}\,\mathbf{1}_v$;

wegen $\sum_{i=1}^{v} \boldsymbol{\ell}_i \boldsymbol{\ell}'_i = \mathbf{I}_v$ gilt $\sum_{i=1}^{v-1} \boldsymbol{\ell}_i \boldsymbol{\ell}'_i = \mathbf{I}_v - \boldsymbol{\ell}_v \boldsymbol{\ell}'_v = \mathbf{I}_v - \frac{1}{v}$

(mit $\mathbf{J}_{vv}$ ... v x v-Matrix bestehend aus lauter Einsen). Mit (1.27) und der Orthogonalität der (normierten) Eigenvektoren $\boldsymbol{\ell}_i$ ist

$$\boldsymbol{C}\hat{\boldsymbol{\tau}} = \left(\sum_{i=1}^{v-1} \theta_i \boldsymbol{\ell}_i \boldsymbol{\ell}'_i\right)\left(\sum_{i=1}^{v-1} 1/\theta_i \, \boldsymbol{\ell}_i \boldsymbol{\ell}'_i\right)\boldsymbol{Q} = (\mathbf{I} - \frac{1}{v}\mathbf{J}_{vv})($$

wegen $\sum_{i=1}^{v} Q_i = \boldsymbol{Q}'\mathbf{1}_v = (\mathbf{T} - \mathbf{N}\mathbf{K}^{-1}\mathbf{B})'\mathbf{1}_v = \mathbf{T}'\mathbf{1}_v - \mathbf{B}'\mathbf{K}^{-1}\underbrace{\mathbf{N}'\mathbf{1}_v}_{\mathbf{K}\mathbf{1}_b} = G - G = 0$

ist $(\mathbf{I} - \frac{1}{v}\mathbf{J}_{vv})\boldsymbol{Q} = \boldsymbol{Q} - \frac{1}{v}\mathbf{0}_v = \boldsymbol{Q}$; (1.27) ist somit bewiesen.

Die Kovarianzmatrix $\mathbf{K}$ der Lösungen $\hat{\tau}_i$ ist dann gegeben durch

$$\mathbf{K} = \left[\sum_{i=1}^{v-1} 1/\theta_i \, \boldsymbol{\ell}_i \boldsymbol{\ell}'_i\right] \sigma_e^2 =: \mathbf{K}^* \sigma_e^2$$

und es ist:

$$\mathrm{Var}(\hat{\tau}_i - \hat{\tau}_j) = [\{\mathbf{K}^*\}_{ii} + \{\mathbf{K}^*\}_{jj} - 2\{\mathbf{K}^*\}_{ij}]\,\sigma_e^2$$

$$\sum_{i=1}^{v} \sum_{j>i} \mathrm{Var}(\hat{\tau}_i - \hat{\tau}_j) = [v \sum_{i=1}^{v} \{\mathbf{K}^*\}_{ii} - \sum_{i=1}^{v}\sum_{j=1}^{v} \{\mathbf{K}^*\}_{ij}]\,\sigma_e^2$$

$$= [v\,\mathrm{sp}(\mathbf{K}^*) - \mathbf{1}'_v \mathbf{K}^* \mathbf{1}_v]\,\sigma_e^2 \text{ ; (sp ... Spur)}$$

Da $\mathbf{K}^*$ nicht von vollem Rang ist, ist $\mathbf{K}^*\mathbf{1}_v = \mathbf{0}_v$ und somit

$$\bar{V} = [\frac{2}{v(v-1)} \cdot v \cdot \sum_{i=1}^{v-1} 1/\theta_i] \, \sigma_e^2 = \frac{2 \sum_{i=1}^{v-1} 1/\theta_i}{v-1} \cdot \sigma_e^2$$

Um verschiedene Blockpläne vergleichen zu können, definieren wir für (zumindest lokal) verbundene Pläne einen "Effizienzfaktor":
Mit $\bar{V}$ ... durchschnittliche Varianz des Schätzers eines Elementarkontrasts $(\bar{V} = \frac{2 \sum_{i=1}^{v-1} 1/\theta_i}{v-1} \sigma_e^2)$

$\bar{V}_o$... Varianz des Schätzers eines Elementarkontrasts beim randomisierten vollständigen Blockplan, basierend auf

$\bar{r} := \frac{1}{v} \sum_{i=1}^{v} r_i$ Wiederholungen pro Verfahren $(\bar{V}_o = \frac{2\sigma_o^2}{\bar{r}})$

definieren wir unter der Annahme, daß die Fehlervarianz in beiden Plänen gleich ist $(\sigma_e^2 = \sigma_o^2)$, als Effizienzfaktor:

(1.28) $$E := \bar{V}_o/\bar{V}$$

Somit ist: $E = \frac{v-1}{\bar{r} \sum_{i=1}^{v-1} \frac{1}{\theta_i}}$

Ist der Versuchsplan binär, dann können wir für E eine obere Schranke angeben, wenn man folgendes bedenkt:

- $H_\theta \leq \bar{\theta}$ (wobei H_θ ... harmonisches Mittel der θ_i
  $\bar{\theta}$ ... arithmetisches Mittel der θ_i)

$$-\ \mathrm{sp}\,(\mathbf{C}) = \mathrm{sp}\,(\mathbf{R} - \mathbf{N}\mathbf{K}'\mathbf{N}') = \sum_{i=1}^{v} r_i - \sum_{i=1}^{v}\sum_{j=1}^{b} \frac{n_{ij}}{k_j} = \bar{r}\cdot v - b$$

Wir haben dann:

$$H_\theta \leq \frac{\sum_{i=1}^{v-1} \theta_i}{v-1} = \frac{\mathrm{sp}(\mathbf{C})}{v-1} = \frac{v\cdot\bar{r}-b}{v-1}$$

und somit:

(1.29) $$E \leq \frac{v\cdot\bar{r}-b}{\bar{r}(v-1)}$$

Das Gleichheitszeichen gilt dabei in (1.29) genau dann, wenn alle nicht verschwindenden Eigenwerte θ_i der $\mathbf{C}$-Matrix gleich sind.

Für verbundene Versuchspläne gibt Shah (1959) folgende Lösung des Normalgleichungssystems $\mathbf{Q} = \mathbf{C}\hat{\boldsymbol{\tau}}$ an:

(1.30a) $\mathbf{C} + a\,\mathbf{J}_{vv}$ (mit a ... beliebig reell, aber ungleich null; $\mathbf{J}_{vv} = \mathbf{1}_v \mathbf{1}'_v$) ist nonsingulär und $\hat{\boldsymbol{\tau}} = [\mathbf{C} + a\,\mathbf{J}_{vv}]^{-1}\mathbf{Q}$ ist eine Lösung des Normalgleichungssystems $\mathbf{Q} = \mathbf{C}\hat{\boldsymbol{\tau}}$

(1.30b) Ist ferner $\hat{\boldsymbol{\tau}} = \mathbf{A}\mathbf{Q}$ eine Lösung für $\mathbf{Q} = \mathbf{C}\hat{\boldsymbol{\tau}}$, dann ist $[\mathbf{A} + a\,\mathbf{J}_{vv}]\mathbf{Q}$ ebenfalls eine Lösung für $\mathbf{Q} = \mathbf{C}\hat{\boldsymbol{\tau}}$

Beweis:

Seien wie in (1.25), (1.26) $\boldsymbol{\ell}_1, \ldots, \boldsymbol{\ell}_v$ die orthonormalen Eigenvektoren zu den Eigenwerten $\theta_1, \ldots, \theta_v$ der $\mathbf{C}$-Matrix des verbundenen Blockplans und sei wieder $(\theta_v, \boldsymbol{\ell}_v) = (0, 1/\sqrt{v}\,\mathbf{1}_v)$.

Dann ist wieder

$$\mathcal{C} = \sum_{i=1}^{v-1} \theta_i \, \boldsymbol{\ell}_i \, \boldsymbol{\ell}'_i \quad \text{und}$$

$$\mathcal{C} + a\,\mathfrak{J}_{vv} = \sum_{i=1}^{v-1} \theta_i \, \boldsymbol{\ell}_i \, \boldsymbol{\ell}'_i + a\,v\,\boldsymbol{\ell}_v \, \boldsymbol{\ell}'_v \quad \text{ist von vollem Rang.}$$

Somit gilt:

$$[\,\mathcal{C} + a\,\mathfrak{J}_{vv}]^{-1} = \sum_{i=1}^{v-1} \frac{1}{\theta_i} \boldsymbol{\ell}_i \, \boldsymbol{\ell}'_i + \frac{1}{av} \boldsymbol{\ell}_v \, \boldsymbol{\ell}'_v ;$$

$$\mathcal{C}[\mathcal{C} + a\,\mathfrak{J}_{vv}]^{-1} = \Big(\sum_{i=1}^{v-1} \theta_i \, \boldsymbol{\ell}_i \, \boldsymbol{\ell}'_i\Big) \Big(\sum_{i=1}^{v-1} \frac{1}{\theta_i} \boldsymbol{\ell}_i \, \boldsymbol{\ell}'_i + \frac{1}{av} \boldsymbol{\ell}_v \, \boldsymbol{\ell}'_v\Big) = \sum_{i=1}^{v-1} \boldsymbol{\ell}_i \, \boldsymbol{\ell}'_i$$

Die gleichen Argumente wie im Beweis von (1.27) führen dann auf:

$$\mathcal{C}\,[\,\mathcal{C} + a\,\mathfrak{J}_{vv}]^{-1} \mathcal{Q} = (\mathcal{I}_v - \frac{1}{v} \mathfrak{J}_{vv}) \mathcal{Q} = \mathcal{Q}.$$

Um (1.30 b) zu beweisen, bedenken wir:

$$\mathcal{Q} = \mathcal{C}\hat{\boldsymbol{\tau}} = \mathcal{C}\mathcal{A}\mathcal{Q}$$

$$\mathcal{C}(\mathcal{A} + a\,\mathfrak{J}_{vv})\mathcal{Q} = \mathcal{C}\mathcal{A}\mathcal{Q} + a\underbrace{\mathcal{C}\,\mathfrak{J}_{vv}}_{\mathcal{O}_{vv}}\mathcal{Q} = \mathcal{C}\mathcal{A}\mathcal{Q} = \mathcal{Q}$$

Ferner gilt dann auch

(1.31) $\quad \mathrm{Var}\,(\hat{\tau}_i - \hat{\tau}_j) = (c^{ii} + c^{jj} - 2c^{ij})\,\sigma_e^2 \;\text{ mit } c^{ij} := \{(\mathcal{C} + a\,\mathfrak{J}_{vv})^{-1}\}_{ij}$

$\qquad\qquad\qquad\qquad\qquad\qquad\qquad\qquad$ bzw. $\{(\mathcal{A} + a\,\mathfrak{J}_{vv})\}_{ij}$

Wir demonstrieren an dieser Stelle die Lösung für randomisierte vollständige Blockpläne unter Berücksichtigung der bisher erarbeiteten allgemeinen Ergebnisse:

Mit $k_j = k = v$ und $r_i = r = b$ ist $bk = vr = N$ und:

$$\mathbf{R} = r\,\mathbf{I}_v$$

$$\mathbf{N} = \mathbf{J}_{vb} \quad (\Rightarrow \mathbf{NN}' = r\,\mathbf{J}_{vv})$$

Somit ist

$$\mathbf{C} = r\,\mathbf{I}_v - \frac{r}{k}\mathbf{J}_{vv} \quad \text{und}$$

$$\mathbf{C} + a\,\mathbf{J}_{vv} = r\,\mathbf{I}_v - (\frac{r}{k} - a)\,\mathbf{J}_{vv}$$

Wählt man $a = \frac{r}{k}$, so ist

$$\mathbf{C} + a\,\mathbf{J}_{vv} = r\,\mathbf{I}_v \quad \text{und somit}$$

$$[\mathbf{C} + a\,\mathbf{J}_{vv}]^{-1} = \frac{1}{r}\mathbf{I}_v$$

Mit (1.31) ist dann $\mathrm{Var}\,(\hat{\tau}_i - \hat{\tau}_j) = \frac{2}{r}\sigma_e^2$

Mit $\mathbf{Q} = \mathbf{T} - \frac{1}{k}\mathbf{NB} = \begin{pmatrix} T_1 - \frac{1}{k}G \\ \vdots \\ T_v - \frac{1}{k}G \end{pmatrix}$ ist

$$[\mathbf{C} + a\,\mathbf{J}_{vv}]^{-1}\mathbf{Q} = \begin{pmatrix} \frac{1}{r}T_1 - \frac{1}{N}G \\ \vdots \\ \frac{1}{r}T_v - \frac{1}{N}G \end{pmatrix} =: \begin{pmatrix} \bar{y}_{1.} - \bar{y}_{..} \\ \vdots \\ \bar{y}_{v.} - \bar{y}_{..} \end{pmatrix} = \hat{\boldsymbol{\tau}} \tag{1.32}$$

Ferner ist mit (1.12)

(1.33) $$\hat{\beta} = K^{-1}B - K^{-1}N'\hat{\tau} - 1_b\hat{\mu} = \frac{1}{k}B - 1_b\hat{\mu} =: \begin{pmatrix} \bar{y}_{.1} - \bar{y}_{..} \\ \vdots \\ \bar{y}_{.b} - \bar{y}_{..} \end{pmatrix}$$

Für die Quadratsummen gilt dann mit (1.13), (1.14):

(1.34) $$SS_{BoV} = B'K^{-1}B - \frac{G^2}{N} = \frac{1}{k}\sum_j B_j^2 - \frac{G^2}{N}$$

$$SS_{v(adj)} = Q'\hat{\tau} = (T_1 - \frac{1}{k}G, \ldots, T_v - \frac{1}{k}G) \begin{pmatrix} \frac{1}{r}T_1 - \frac{1}{N}G \\ \vdots \\ \frac{1}{r}T_v - \frac{1}{N}G \end{pmatrix} \Rightarrow$$

(1.35) $$SS_{v(adj)} = \sum_{i=1}^{v}\left(\frac{T_i^2}{r} - \frac{2G}{N}T_i + \frac{G^2}{kN}\right) = \sum_{i=1}^{v}\frac{T_i^2}{r} - \frac{G^2}{N}$$

1.4. Konzepte der Ausgewogenheit

"Ausgewogenheit" ist eine wünschenswerte Eigenschaft von Blockplänen. In der neueren Literatur unterscheidet man zwischen drei verschiedenen Konzepten der Ausgewogenheit von Blockplänen, nämlich

(a) Varianz-Ausgewogenheit
(b) Effizienz-Ausgewogenheit
(c) paarweise Ausgewogenheit.

Wir charakterisieren diese drei Konzepte im einzelnen und stellen sie einander gegenüber:

(1.36) Ein Blockplan heißt "varianz (v.) - ausgewogen", wenn alle Elementarkontraste mit der gleichen Varianz geschätzt werden können, also Var $(\hat{\tau}_i - \hat{\tau}_j)$ gleich ist für alle Paare$((i,j) : j \neq i)$.

Folgender Satz (ursprüngliche Fassung: Rao (1958); siehe auch Raghavarao(1971)) über v.-ausgewogene Pläne ist fundamental, insbesondere im Zusammenhang mit Effizienzbetrachtungen:

(1.37) Ein verbundener Blockplan ist dann und nur dann v.-ausgewogen, wenn die v-1 nicht verschwindenden Eigenwerte der $\mathbf{C}$ -Matrix des Plans allesamt gleich sind.

Beweis:
Mit den Bezeichnungen und Ergebnissen aus (1.26), (1.27) hat man:

$$\bar{V} = \frac{2\sum_{i=1}^{v-1} 1/\theta_i}{v-1}\sigma_e^2 .$$

Mögen zunächst für einen (lokal) verbundenen Versuchsplan alle Elementarkontraste mit der gleichen Varianz $\bar{V}$ geschätzt werden.
Wegen $\hat{\tau}_i - \hat{\tau}_j = (\hat{\tau}_i - \hat{\tau}_k) - (\hat{\tau}_j - \hat{\tau}_k)$

ist dann:

$$\text{Var }(\hat{\tau}_i - \hat{\tau}_j) = \text{Var }(\hat{\tau}_i - \hat{\tau}_k) + \text{Var }(\hat{\tau}_j - \hat{\tau}_k) - 2\,\text{Cov}(\hat{\tau}_i - \hat{\tau}_k, \hat{\tau}_j - \hat{\tau}_k)$$

und somit

(1.38) $$\text{Cov }(\hat{\tau}_i - \hat{\tau}_k, \hat{\tau}_j - \hat{\tau}_k) = \frac{\sum_{i=1}^{v-1} 1/\theta_i}{v-1}\sigma_e^2 .$$

Wir betrachten nun die lineare Funktion $\boldsymbol{\ell}_i'\boldsymbol{\tau}$. Wir können die Varianz ihres Schätzers $\boldsymbol{\ell}_i'\hat{\boldsymbol{\tau}}$ auf zwei Arten angeben:

(A) $\mathrm{Var}\,(\boldsymbol{\ell}_i'\hat{\boldsymbol{\tau}}) = \boldsymbol{\ell}_i'\,\mathrm{Cov}\,(\hat{\boldsymbol{\tau}})\,\boldsymbol{\ell}_i\,\sigma_e^2 = \dfrac{\boldsymbol{\ell}_i\left(\sum_{j=1}^{v-1}\frac{1}{\theta_j}\boldsymbol{\ell}_j\boldsymbol{\ell}_j'\right)\boldsymbol{\ell}_i\sigma_e^2}{\frac{1}{\theta_i}\boldsymbol{\ell}_i'\boldsymbol{\ell}_i} \Rightarrow$

(1.39) $$\mathrm{Var}\,(\boldsymbol{\ell}_i'\hat{\boldsymbol{\tau}}) = \frac{1}{\theta_i}\sigma_e^2$$

(B) $\boldsymbol{\ell}_i'\boldsymbol{\tau}$ kann dargestellt werden als

$$\boldsymbol{\ell}_i'\boldsymbol{\tau} = \sum_{j=2}^{v} a_j\,(\tau_j-\tau_1)$$

mit $\sum_{j=2}^{v} a_j^2 + \left(\sum_{j=2}^{v} a_j\right)^2 = 1$.

Dann ist:

$$\mathrm{Var}\,(\boldsymbol{\ell}_i'\hat{\boldsymbol{\tau}}) = \mathrm{Var}\left(\sum_{j=2}^{v} a_j\,(\hat{\tau}_j-\hat{\tau}_1)\right) =$$

$$= \sum_{j=2}^{v} a_j^2\,\mathrm{Var}\,(\hat{\tau}_j-\hat{\tau}_1) + \sum_{\substack{j,j'=2\\ j\neq j'}}^{v} a_j a_{j'}\,\mathrm{Cov}\,[(\hat{\tau}_j-\hat{\tau}_1),(\hat{\tau}_{j'}-\hat{\tau}_1)]$$

$$= \frac{\sum_{j=1}^{v-1} 1/\theta_j}{v-1}\underbrace{\left(2\sum_{j=2}^{v} a_j^2 + \sum_{\substack{j,j'=2\\ j\neq j'}}^{v} a_j a_{j'}\right)}_{=:L}\sigma_e^2$$

Wegen $\left(\sum_{j=2}^{v} a_j\right)^2 = \sum_{j=2}^{v} a_j^2 + \sum_{\substack{j,j'=2\\ j\neq j'}}^{v} a_j a_{j'}$ gilt:

$$L = 2\sum_{j=2}^{v} a_j^2 + \left(\sum_{j=2}^{v} a_j\right)^2 - \sum_{j=2}^{v} a_j^2 = 1, \text{ sodaß}$$

(1.40) $$\mathrm{Var}\,(\boldsymbol{\ell}_i'\hat{\boldsymbol{\tau}}) = \frac{\sum_{j=1}^{v-1} 1/\theta_j}{v-1}\,\sigma_e^2$$

Gleichsetzen von (1.39) und (1.4o) liefert

$$\frac{1}{\theta_i} = \frac{1}{v-1}\sum_{j=1}^{v-1}\frac{1}{\theta_j}$$ für alle i und damit $\theta_1 = \theta_2 = \ldots \theta_{v-1}$

Sind umgekehrt alle von Null verschiedenen Eigenwerte von $\mathbf{C}$ gleich (etwa θ), dann wird wegen

$$\theta_i = \theta \Rightarrow \underset{\substack{\uparrow\\ \text{gemäß (1.26), (1.27)}}}{\mathbf{K}} = \frac{1}{\theta}\sum_{i=1}^{v-1}\boldsymbol{\ell}_i\boldsymbol{\ell}_i'\,\sigma_e^2 = \frac{1}{\theta}\,(\mathbf{I}_v - \frac{1}{v}\mathbf{J}_{vv})\,\sigma_e^2$$

jeder Elementarkontrast geschätzt mit

$$\mathrm{Var}\,(\hat{\tau}_i - \hat{\tau}_j) = \frac{1}{\theta}\,[2(1-\frac{1}{v}) + \frac{2}{v}]\sigma_e^2 = \frac{2\sigma_e^2}{\theta}$$

und der Plan ist somit v.-ausgewogen.

In (1.29) gilt somit das Gleichheitszeichen genau dann, wenn der Plan v.-ausgewogen ist.

Wir können das Ergebnis aus (1.37) auch folgendermaßen fassen:

(1.41) Ein verbundener Versuchsplan ist genau dann v.-ausgewogen, wenn seine $\mathbf{C}$-Matrix proportional zu $(\mathbf{I} - \frac{1}{v}\mathbf{J}_{vv})$ ist:

$$\theta_1 = \ldots = \theta_{v-1} \Leftrightarrow \mathbf{C} = \theta\,(\mathbf{I} - \frac{1}{v}\mathbf{J}_{vv})\,[\Leftrightarrow \mathbf{K} = \frac{1}{\theta}\,(\mathbf{I} - \frac{1}{v}\mathbf{J}_{vv})]$$

Ferner gilt:

(1.42) Haben in einem binären v.-ausgewogenen Plan alle Blöcke gleiche Größe k, dann müssen auch die Anzahlen r_i der Wiederholungen pro Verfahren gleich sein.

Beweis:

$$C = R - \frac{1}{k} NN' = \theta(I - \frac{1}{v} J_{vv})$$

ist der Plan binär, dann ist $(NN')_{ii} = \lambda_{ii} = r_i$, sodaß:

$$r_i - \frac{1}{k} r_i = \theta\ (1 - \frac{1}{v}) =: r \text{ für alle } i$$

Diese Aussage gilt indes nicht mehr notwendigerweise, wenn der Plan nicht binär ist. Betrachten wir dazu beispielsweise folgenden Plan für $(v,k,b) = (5,3,8)$

Block	I	II	III	IV	V	VI	VII	VIII
	1	1	1	2	1	2	3	4
	2	2	3	3	5	5	5	5
	3	4	4	4	5	5	5	5

Dieser Plan ist v.- ausgewogen mit $\mathrm{Var}\ (\hat{\tau}_i - \hat{\tau}_j) = 0{,}6\sigma_e^2$, aber $r_5 \neq r_i$ $(i=1,..,4)$.

Wir führen nun den Begriff der Effizienz-Ausgewogenheit ein:
Sei

(1.43) $$A := R^{-1/2} C R^{-1/2} \qquad \text{mit: } R^{-1/2} = \mathrm{diag}\ (r^{-1/2}),$$

$$r^{1/2\,\prime} = (\sqrt{r_1}, \ldots, \sqrt{r_v})$$

Wir betrachten die Spektralzerlegung der Matrix $\mathbf{A}$:

$$\mathbf{A} = \sum_{i=1}^{v} \lambda_i \mathbf{f}_i \mathbf{f}_i' \qquad \begin{array}{l} \lambda_i \text{ .. Eigenwerte von } \mathbf{A} \\ \mathbf{f}_i \text{ .. orthonormierte Eigenvektoren} \end{array}$$

Wegen $\mathbf{A}\mathbf{r}^{\frac{1}{2}} = \mathbf{0}$ ist $\mathbf{A}$ singulär und hat $\mathbf{r}^{\frac{1}{2}}$ als Eigenvektor (bzw. $\mathbf{r}^{\frac{1}{2}}/\sqrt{\Sigma r_i}$ als normierten Eigenvektor) zum Eigenwert von 0.

Sei wieder $(\lambda_v, \mathbf{f}_v) = (0, \mathbf{r}^{\frac{1}{2}}/\sqrt{v\bar{r}})$ (mit $\Sigma r_i = v\bar{r}$); dann heißen die Eigenwerte λ_i $(i=1,..,v-1)$ "kanonische Effizienzfaktoren des Versuchsplans

Sei nun H_λ das harmonische Mittel der λ_i, also

(1.44) $$H_\lambda = \frac{v-1}{\sum_{i=1}^{v-1} 1/\lambda_i},$$

dann gilt:

(1.45) sind alle r_i $(i=1,..,v)$ gleich, so stimmen H_λ aus (1.44) und E aus (1.28) überein.

Beweis:

$$r_i = r \Rightarrow \mathbf{A} = \frac{1}{r}\mathbf{C};$$

$$|\mathbf{C} - \theta_i \mathbf{I}| = 0 \Leftrightarrow |r(\mathbf{A} - \frac{\theta_i}{r}\mathbf{I})| = 0;$$ ist somit θ_i ein Eigenwert von $\mathbf{C}$, dann ist $\lambda_i = \frac{\theta_i}{r}$ ein Eigenwert von $\mathbf{A}$.

Somit gilt:

$$H_\lambda = \frac{v-1}{r\sum_{i=1}^{v-1} 1/\theta_i} = E$$

Wir definieren:

(1.46) Ein Blockplan heißt "effizienz" (e.)-ausgewogen". wenn alle kanonischen Effizienzfaktoren $\lambda_1, \ldots, \lambda_{v-1}$ gleich sind (etwa λ).

Dann gilt:

(1.47) Ein Blockplan ist genau dann e.-ausgewogen, wenn:

$$\mathbf{C} = \lambda \left(\mathbf{R} - \frac{1}{v\bar{r}} \mathbf{r}\mathbf{r}' \right)$$

Beweis:

Sei zunächst $\lambda_1 = \ldots = \lambda_{v-1}$ (der Plan also e.-ausgewogen), dann ist

$$\mathbf{A} = \lambda \sum_{i=1}^{v-1} \mathbf{f}_i \mathbf{f}_i' \quad ; \text{ wegen } \sum_{i=1}^{v} \mathbf{f}_i \mathbf{f}_i' = \mathbf{I}_v \text{ gilt}$$

$$\sum_{i=1}^{v-1} \mathbf{f}_i \mathbf{f}_i' = \mathbf{I}_v - \frac{1}{v\bar{r}} \mathbf{r}^{\frac{1}{2}} \mathbf{r}^{\frac{1}{2}\prime} , \quad \text{sodaß}$$

$$\mathbf{A} = \lambda \left(\mathbf{I}_v - \frac{1}{v\bar{r}} \mathbf{r}^{\frac{1}{2}} \mathbf{r}^{\frac{1}{2}\prime} \right)$$

Mit (1.43) ist dann

$$\mathbf{A} = \mathbf{R}^{-\frac{1}{2}} \mathbf{C} \mathbf{R}^{-\frac{1}{2}} = \lambda \left(\mathbf{I}_v - \frac{1}{v\bar{r}} \mathbf{r}^{\frac{1}{2}} \mathbf{r}^{\frac{1}{2}\prime} \right) \text{ und damit}$$

$$\mathbf{C} = \lambda \left(\mathbf{R} - \frac{1}{v\bar{r}} \mathbf{r}\mathbf{r}' \right)$$

Ist andererseits $\mathbf{C} = \lambda(\mathbf{R} - \frac{1}{v\bar{r}} \mathbf{r}\mathbf{r}')$, dann hat $\mathbf{A}$ nur einen von Null verschiedenen Eigenwert.

Ist der Versuchsplan zudem binär, dann ist wieder sp $(\mathbf{C}) = \bar{r}v - b$ und damit:

$$sp\,(\mathbf{C}) = sp\,[\lambda(\mathbf{R} - \frac{1}{v\bar{r}}\mathbf{rr}')] = \lambda(v\bar{r} - \frac{\Sigma r_i^2}{v\bar{r}}) = v\bar{r} - b \Rightarrow$$

(1.48) $$\lambda = \frac{v\bar{r}\,(v\bar{r}-b)}{(v\bar{r})^2 - \sum_{i=1}^{v} r_i^2}$$

Zwischen Varianz- und Effizienz-Ausgewogenheit besteht nun folgender Zusammenhang: (Williams (1975)):

(1.49) Ein v.-ausgewogener Blockplan ist dann und nur dann auch e.-ausgewogen, wenn $r_i = r$ $(i=1,..,v)$

Beweis:

Der Plan ist nach (1.41) genau dann v.-ausgewogen, wenn gilt:

$$\mathbf{C} = : \mathbf{C}_\theta \sim (\mathbf{I}_v - \frac{1}{v}\mathbf{J}_{vv}),$$

bzw. e.-ausgewogen, wenn gilt:

$$\mathbf{C} = : \mathbf{C}_\lambda \sim (\mathbf{R} - \frac{1}{v\bar{r}}\mathbf{rr}')$$

Ist zunächst $r_i = r$ $(i=1,..,v)$, dann ist $\mathbf{C}_\lambda \sim \mathbf{C}_\theta$; gilt andererseits $(\mathbf{R} - \frac{1}{v\bar{r}}\mathbf{rr}') =$ const. $(\mathbf{I} - \frac{1}{v}\mathbf{J}_{vv})$, so folgt daraus $r_i = r$ $(i=1,..,v)$.

Abschließend definieren wir noch

(1.50) Ein Blockplan heißt "paarweise (p.w.)-ausgewogen", wenn gilt:

$$\mathbf{NN}' = \mathbf{T} + \text{const.}\ \mathbf{J}_{vv} \quad (\text{mit } \mathbf{T} \ldots \text{Diagonalmatrix})$$

Die p.w.-Ausgewogenheit beinhaltet also lediglich einen kombinatorischen Aspekt.

Hedayat & Federer (1974) zeigen anhand von Gegenbeispielen, daß die p.w.-Ausgewogenheit weder notwendig noch hinreichend für die v.-Ausgewogenheit ist:

(1.51) Ist ein Blockplan p.w.-(v.-) ausgewogen, so folgt daraus nicht, daß er v.-(p.w.-) ausgewogen ist.

Gegenbeispiel 1:

Folgender Plan für v=6 Verfahren ist p.w.-ausgewogen, nicht aber v.-ausgewogen:

Block	I	II	III	IV	V	VI	VII
	1	2	4	3	1	6	1
	2	3	5	4	5	2	3
	4	5		6	6		

$\mathbf{NN}' = \text{diag.}\ [(2,..,2)']+\mathbf{J}_{66}$, hingegen etwa

$$\text{Var}\ (\hat{\tau}_1-\hat{\tau}_2) = 0{,}9286\ \sigma_e^2$$

$$\text{Var}\ (\hat{\tau}_1-\hat{\tau}_3) = 0{,}8572\ \sigma_e^2$$

Gegenbeispiel 2:

Folgender Plan für v=5 Verfahren ist v.-ausgewogen, nicht aber p.w.-ausgewogen:

Block	I	II	III	IV	V	VI
	1	1	1	2	3	4
	2	2	5	5	5	5
	3	3				
	4	4				

$$NN' = \begin{pmatrix} 3 & 2 & 2 & 2 & 1 \\ 2 & 3 & 2 & 2 & 1 \\ 2 & 2 & 3 & 2 & 1 \\ 2 & 2 & 2 & 3 & 1 \\ 1 & 1 & 1 & 1 & 4 \end{pmatrix} \quad ; \mathrm{Var}\,(\hat\tau_i - \hat\tau_j) = 0{,}8\sigma_e^2 \text{ für alle Paare } (i,j)$$

Ist jedoch $k_j = k$ $(j=1,..,b)$, so wird aus (1.41):

(1.52) Plan ist v.-ausgewogen $\Leftrightarrow \mathbf{R} - \frac{1}{k}\mathbf{NN'} = \theta\mathbf{I} - \frac{\theta}{v}\mathbf{J}_{vv}$

$$\Leftrightarrow \mathbf{NN'} = \underbrace{k\mathbf{R} - k\theta\mathbf{I}}_{=:\,\mathbf{T}} + \underbrace{\frac{k\theta}{v}}_{\text{const.}}\mathbf{J}_{vv},$$

sodaß in diesem Fall die beiden Konzepte der Ausgewogenheit von Versuchsplänen koinzidieren.

Puri & Nigam (1977) zeigen analog zu (1.51):

(1.53) Ist ein Blockplan p.w.-(e.-) ausgewogen, so folgt daraus nicht, daß er e.-(p.w.-) ausgewogen ist.

Gegenbeispiel 3:

Folgender Plan für v=6 Verfahren ist p.w.-ausgewogen, nicht aber e.-ausgewogen:

Block	I	II	III	IV	V	VI	VII
	1	2	4	3	1	6	1
	2	3	5	4	5	2	3
	4	5		6	6		

$$\mathbf{NN'} = \mathrm{diag}\,[(2,..,2)'] + 2\,\mathbf{J}_{66}, \text{ aber } \mathbf{C} \not\propto (\mathbf{R} - \tfrac{1}{v\bar r}\mathbf{rr'})$$

Gegenbeispiel 4:

Folgender Plan für v=8 Verfahren ist e.-ausgewogen, aber nicht p.w.-ausgewogen:

Block	I	II	III	IV	V	VI	VII	VIII	IX	X	XI	XII	XIII
	1	2	3	1	1	2	1	1	4	3	2	1	2
	2	4	5	3	4	3	2	2	5	4	6	5	3
	3	5	6	4	6	4	5	4	7	6	7	7	5
	6	6	7	5	7	7	7						
	8	8	8	8	8	8	8						
	8	8	8	8	8	8	8						

Falls für einen Blockplan $k_j = k$ $(j=1,..,b)$ und $r_i = r$ $(i=1,..,v)$ gilt, so koinzidieren wegen (1.49) und (1.52) alle drei vorgestellten Konzepte der Ausgewogenheit.

2. AUSGEWOGENE UND TEILWEISE AUSGEWOGENE UNVOLLSTÄNDIGE BLOCKPLÄNE

Wir behandeln im folgenden ausschließlich (lokal) verbundene Pläne mit $k_j=k$ $(j=1,..,b)$ und $r_i=r$ $(i=1,..,v)$

2.1. Ausgewogene unvollständige Blockpläne: (BIB-Pläne)

Diese Pläne gehen zurück auf Yates und können folgendermaßen charakterisiert werden:

(2.1) Ein BIB-Plan ist ein Blockplan für v Verfahren in b Blöcken zu je $k < v$ Parzellen, für den folgendes gilt:

(a) jedes Verfahren kommt pro Block maximal einmal vor (binär)

(b) jedes Verfahren kommt in genau r Blöcken vor

(c) jedes Paar von Verfahren kommt zusammen in genau λ Blöcken vor.

Die ausgezeichnete Stellung dieser BIB-Pläne im Rahmen der allgemeinen unvollständigen Blockpläne ermißt man am besten in den anschließend unter (2.6), (2.9) zu formulierenden Sätzen. Die fünf Parameter b,v,r,k und λ eines BIB-Plans können nicht unabhängig voneinander gewählt werden, sondern genügen vielmehr folgenden Restriktionen:

(2.2a) $rv = bk = N$

(2.2b) $\lambda\,(v-1) = r\,(k-1)$

Beweis:

Ein Verfahren i kommt in r Blöcken vor, in denen jeweils noch (k-1) weitere Verfahren vorkommen: es gibt somit $r\cdot(k-1)$ Parzellen, die im gleichen Block sind wie eine Parzelle, die mit i besetzt ist. Andererseits müssen eben diese $r\cdot(k-1)$ Parzellen die restlichen (v-1) Verfahren gerade λ-mal enthalten.

(2.2c) $b \geq v$ (Fishersche Ungleichung)

Beweis:

Sei $\mathbf{N}$ die Inzidenzmatrix, dann gilt für die Interblockmatrix $\mathbf{NN}'$:

$$(NN')_{ii} = \sum_j n_{ij}^2 = \sum_j n_{ij} = r$$

$$(NN')_{ih} = \sum_j n_{ij} n_{hj} = \lambda_{ih} = \lambda (i \neq h)$$

und auch

$$NN' = (r-\lambda)\, I_v + \lambda\, J_{vv}$$

Wir zeigen zunächst, daß NN' von vollem Rang ist: um die Determinante von NN' zu berechnen, subtrahieren wir die erste Spalte von NN' von allen anderen Spalten und addieren sodann zur ersten Zeile die Summe der restlichen (v-1) Zeilen.

Dadurch ist NN' auf untere Dreiecksmatrix gebracht und man hat

(2.3) $$|NN'| = (r-\lambda)^{v-1} \underbrace{[r+(v-1)\lambda]}_{rk \text{ (wegen 2.2b)}} = rk\,(r-\lambda)^{v-1} > 0$$

Somit gilt $r\,(NN') = v$ und auch $r\,(N) = v$. N ist aber eine (vxb)-Matrix, weshalb:

$$\underbrace{r(N)}_{v} \leq \min\,(b, v) \rightarrow v \leq b$$

Daß die angeführten drei Bedingungen nur notwendig, nicht aber hinreichend für die Existenz eines BIB-Plans sind, zeigt folgendes Beispiel:

(2.4) Ein BIB-Plan mit b=v ($\Rightarrow$ r=k) heißt "symmetrisch".

Ist ein BIB-Plan symmetrisch, dann ist $|NN'| = |N|^2$; somit muß $(r-\lambda)^{v-1} r^2$ das Quadrat einer ganzen Zahl sein, da $|N|$ ganzzahlig ist. Ist nun v gerade, dann muß $(r-\lambda)$ das Quadrat einer ganzen Zahl sein. Für einen BIB-Plan mit v=b = 22; r=k=7; λ=2 ist zwar (2.2a)-(2.2 erfüllt, aber $\sqrt{r-\lambda}$ ist keine ganze Zahl: es existiert kein BIB-Plan mi diesen Parametern.

Stets existieren hingegen jedoch jene Pläne, die aus allen möglichen Kombinationen von k aus insgesamt v Verfahren bestehen. Für diese Pläne gilt:

(2.5) $$b = \binom{v}{k} \quad r = \binom{v-1}{k-1} \quad \lambda = \binom{v-2}{k-2}$$

Diese Pläne heißen "nicht reduzierte Pläne", weil es für gewisse Werte der Parameter umfangmäßig kleinere Pläne gibt: vgl. dazu Tab. 1 (Anhang).

Den ausgezeichneten Platz, der den BIB-Plänen im Rahmen der unvollständigen Blockpläne zukommt, verdeutlichen die folgenden Beziehungen:

(2.6) In der Klasse aller binären Blockpläne mit $r_i=r$ $(i=1,..,v)$ und $k_j=k$ $(j=1,..,b)$ ist der BIB-Plan der einzige ausgewogene Plan.

Beweis:

(a) sei der Blockplan zunächst ausgewogen, dann ist einerseits

$$\mathbf{C} = \sum_{i=1}^{v-1} \theta_i \boldsymbol{\ell}_i \boldsymbol{\ell}_i' = \theta \sum_{i=1}^{v-1} \boldsymbol{\ell}_i \boldsymbol{\ell}_i' = \theta\,(\mathbf{I}_v - \tfrac{1}{v}\mathbf{J}_{vv})$$ und andererseits

mit $r_i=r$; $k_j=k$:

$$\mathbf{C} = r\mathbf{I}_v - \frac{1}{k}\mathbf{NN'}$$

sodaß wegen

$$\mathrm{sp}\,(\mathbf{C}) = (v-1)\theta = \mathrm{sp}\,(r\mathbf{I}_v - \frac{1}{k}\mathbf{NN'}) = rv-b$$

folgt:

$$\theta = \frac{rv-b}{v-1} = \frac{rv-\frac{rv}{k}}{v-1} = \frac{r v(k-1)}{k(v-1)}$$

mit $\lambda := \frac{r(k-1)}{v-1}$ ist schließlich

(2.7) $$\theta = \frac{\lambda v}{k}$$

Somit ist

$$\mathbf{C} = r\mathbf{I}_v = \frac{1}{k}\mathbf{NN'} = \frac{\lambda v}{k}(\mathbf{I}_v - \frac{1}{v}\mathbf{J}_{vv}) \text{ und}$$

$$\mathbf{NN'} = (r-\lambda)\mathbf{I}_v + \lambda\mathbf{J}_{vv} \quad (\text{mit } \lambda(v-1) = r(k-1))$$

Ist nun aber $\mathbf{NN'}$ so darstellbar, dann gilt:

$(\mathbf{NN'})_{ii} = r \Rightarrow$ jedes Verfahren kommt in genau r Blöcken vor

$(\mathbf{NN'})_{ih} = \lambda \Rightarrow$ jedes Paar von Verfahren kommt zusammen in genau λ Blöcken vor.

$\mathbf{N}$ ist somit die Inzidenzmatrix eines BIB-Plans gemäß (2.1)

(b) sei nun $\mathbf{N}$ die Inzidenzmatrix eines BIB-Plans. Wir überlegen uns den Zusammenhang zwischen den Eigenwerten der Matrizen $\mathbf{NN'}$ und $\mathbf{C}$, indem wir zeigen:

(2.8) Ist θ_i ein Eigenwert von $\mathbf{C} = \frac{rk\mathbf{I} - \mathbf{NN'}}{k}$ mit Vielfachheit α_i, dann ist $\Psi_i = k(r-\theta_i)$ ein Eigenwert von $\mathbf{NN'}$ mit der gleichen Vielfachheit α_i:

$$\theta_i \text{ ... Eigenwert von } \mathbf{C} \Leftrightarrow |\mathbf{C} - \theta_i\mathbf{I}| = 0 \Leftrightarrow \left|\frac{rk\mathbf{I} - \mathbf{NN'} - k\theta_i\mathbf{I}}{k}\right| = 0$$

$$\Leftrightarrow \left(-\frac{1}{k}\right)^v |\mathbf{NN'} - k(r-\theta_i)\mathbf{I}| = 0 \Leftrightarrow \Psi_i = k(r-\theta_i) \text{ ist Eigenwert}$$

von $\mathbf{NN'}$.

Da $\mathbf{NN'}$ nach (2.3.) die Eigenwerte

$\Psi_1 = rk \quad ; \quad \alpha_1 = 1$

$\Psi_2 = (r-\lambda) \quad ; \quad \alpha_2 = v-1$

besitzt, hat $\mathbf{C}$ die Eigenwerte

$$\theta_1 = \frac{kr-\Psi_1}{k} = 0; \quad \alpha_1 = 1$$

$$\theta_2 = \frac{kr-\Psi_2}{k} = \frac{\lambda v}{k}; \quad \alpha_2 = v-1$$

$$\uparrow$$

$$\lambda(v-1)=r(k-1)$$

Die v-1 nicht verschwindenden Eigenwerte sind also allesamt gleich, der Plan nach (1.37) somit ausgewogen.

Ließe man hingegen verschiedene Blockgrößen k_j und verschiedene Anzahlen von Wiederholungen r_i zu, so kann ein Plan sehr wohl ausgewogen sein, ohne ein BIB-Plan zu sein.
Wir illustrieren dies an folgendem Plan mit $(v,r,b) = (4,6,10)$:

Block	I	II	III	IV	V	VI	VII	VIII	IX	X
	1	1	1	2	1	1	1	2	2	3
	2	2	3	3	2	3	4	3	4	4
	3	4	4	4						

(Dieser Plan entstand offensichtlich aus der Kombination zweier BIB-Pläne). Man hat hier $\text{Var}(\hat{\tau}_i-\hat{\tau}_j) = \frac{3\sigma_e^2}{7}$ $(i \neq j)$

Aus (2.6) und der (1.29) folgenden Bemerkung folgt unmittelbar:

(2.9) In der Klasse der Blockpläne mit $r_i=r$ und $k_j=k$ ist der BIB-Plan der (im Sinne einer minimalen durchschnittlichen Varianz der Schätzer der Elementarkontraste) effizienteste verbundene Versuchsplan.

Für den BIB-Plan gilt:

(2.10) $$\mathrm{Var}\,(\hat{\tau}_i-\hat{\tau}_j) = \bar{V} = \frac{2\sum_{i=1}^{v-1}\frac{1}{\theta_i}}{v-1}\,.\,\sigma_e^2 = \frac{2k}{\lambda v}\,\sigma_e^2;\quad E = \frac{vr-b}{r(v-1)} = \frac{\lambda v}{rk}$$

Entsprechend (1.30a) erhalten wir für BIB-Pläne folgende Lösung des Normalgleichungssystems $\mathcal{Q} = \mathcal{C}\hat{\boldsymbol{\tau}}$

$$\mathcal{C} = \mathcal{R} - \mathcal{N}\mathcal{K}^{-1}\mathcal{N}' = r\mathcal{I}_v - \frac{1}{k}\mathcal{N}\mathcal{N}' = r\mathcal{I}_v - \frac{r-\lambda}{k}\mathcal{I}_v - \frac{\lambda}{k}\mathcal{J}_{vv} =$$

$$= \frac{rk-(r-\lambda)}{k}\cdot\mathcal{I}_v - \frac{\lambda}{k}\mathcal{J}_{vv} = \frac{\lambda v}{k}\mathcal{I}_v - \frac{\lambda}{k}\mathcal{J}_{vv}$$

Mit $a = \frac{\lambda}{k}$ ist dann

$$[\mathcal{C} + a\mathcal{J}_{vv}]^{-1} = \frac{k}{\lambda v}\mathcal{I}_v$$

und somit

(2.11) $$\hat{\boldsymbol{\tau}} = \frac{k}{\lambda v}\mathcal{Q}$$

Für Tests bezüglich der Elementarkontraste hat man die t-Statistik

(2.12) $$t = \frac{(\hat{\tau}_i-\hat{\tau}_j)\sqrt{\lambda v}}{s_E\sqrt{2k}}$$

Dabei ist s_E^2 das Durchschnittsquadrat des Fehlers aus Tab. 1, basierend auf N-b-v+1 Freiheitsgraden.

2.2. Teilweise ausgewogene unvollständige Blockpläne (PBIB-Pläne)

Den im letzten Abschnitt erarbeiteten Vorzügen von BIB-Plänen steht i.a. die unangenehme Eigenschaft gegenüber, daß solche Pläne nur für bestimmte Kombinationen der Parameterwerte konstruierbar sind. Insbesondere die Tatsache, daß $\lambda = r(k-1)/(v-1)$ und $b = rv/k$ ganze Zahlen sein müssen, erfordert bei einer vorgegebenen Anzahl v von Verfahren eine exorbitant große Anzahl r von von Wiederholungen pro Verfahren. So etwa - um ein Beispiel von Kempthorne(1952) zu zitieren - erfordert ein BIB-Plan mit $(v,k) = (8,3)$ eine Mindestanzahl r von 21 Wiederholungen pro Verfahren (bzw. $b = 56$ Blöcke).

Diese zweifellos unbefriedigende Tatsache führte in den letzten vierzig Jahren - ausgehend von Bose und Nair - zur Entwicklung "teilweise ausgewogener unvollständiger Blockpläne". Der Name für diese Pläne kommt daher, weil bei diesen (im Gegensatz zu BIB-Plänen) nicht alle elementaren Kontraste mit der gleichen Varianz geschätzt werden.

Um PBIB-Pläne definieren zu können, benötigen wir das von Bose & Shimamoto (1952) eingeführte Konzept eines "Assoziationsschemas für v Verfahren":

(2.13) Gegeben seien v Verfahren $1,2,..,v$; ein Assoziationsschema zu m Klassen ist eine Beziehung zwischen den Verfahren, die folgenden Bedingungen genügt:

(a) Je zwei Verfahren sind entweder 1., 2.,.., oder m-te Assoziierte; die Assoziationsbeziehung ist dabei eine symmetrische Beziehung.

(b) Zu jedem Verfahren α gibt es n_i weitere Verfahren $\beta_1..,\beta_{n_i}$, sodaß α und $\beta_s(s=1,..,n_i)$ i-te Assoziierte sind$(i=1,..,m)$; n_i ist dabei unabhängig vom gerade betrachteten Verfahren α .

(c) Sind zwei Verfahren α,β i-te Assoziierte$(i=1,..,m)$, dann sei p^i_{jk} jene Anzahl von Verfahren, die zusammen mit α jeweils ein Paar von j-ten Assoziierten und zusammen mit β jeweils ein Paar von k-ten Assoziierten ergeben; p^i_{jk} ist dabei unabhängig vom gerade betrachteten Paar von Verfahren α und β, die i-te Assoziierte sind (woraus $p^i_{jk}=p^i_{kj}$ folgt).

Die Größen v, $n_i(i=1..,m)$ und p^i_{jk} $(i,j,k=1,..,m)$ heißen "Parameter des Assoziationsschemas". Die Parameter p^i_{jk} werden üblicherweise in Form von m Matrizen $\mathbf{P}_i(i=1,..,m)$ angeführt.

Auf der Grundlage von (2.13) definieren wir einen PBIB(m)-Plan folgendermaßen:

(2.14) Gegeben sei ein Assoziationsschema zu m Klassen und dessen Parameter. Ein Blockplan soll dann "PBIB(m)-Plan" heißen, wenn die v Verfahren den Parzellen der b Blöcke der Größe k $(< v)$ so zugeordnet werden, daß gilt:

(a) Jedes Verfahren kommt pro Block höchstens einmal vor (binär).

(b) Jedes Verfahren kommt in genau r Blöcken vor.

(c) Sind zwei Verfahren α,β i-te Assoziierte, dann kommen sie zusammen in λ_i $(i=1,..,m)$ Blöcken vor; λ_i ist dabei unabhängig vom gerade betrachteten Paar von Verfahren α und β, die i-te Assoziierte sind.

Die Größen $b, r, k, \lambda_i (i=1,..,m)$ heißen "Parameter des Versuchsplans". Die λ_i müssen - außer im Fall $m=2$ - nicht allesamt verschieden sein, einige dürfen auch Null sein.

Zwischen den diversen Parametern bestehen (zum Teil) ähnliche Beziehungen, wie sie uns von den BIB-Plänen her bekannt sind.

Folgende Beziehungen wurden erstmals bei Bose & Nair (1939) bewiesen (vgl. auch Raghavarao (1971)):

(2.15a) $rv = bk$

(2.15b) $\sum_{i=1}^{m} n_i \lambda_i = r(k-1)$

(2.15c) $\sum_{i=1}^{m} n_i = v-1$

(2.15d) $\sum_{k=1}^{m} p^i_{jk} = n_j - \delta_{ij}$ (δ_{ij}..Kronecker-Delta)

(2.15e) $n_i p^i_{jk} = n_j p^j_{ik} = n_k p^k_{ij}$

Wir zeigen im folgenden, daß bei PBIB(m)-Plänen $Var(\hat{\tau}_i - \hat{\tau}_j)$ einen von insgesamt m möglichen Werten annehmen kann, je nachdem, ob die Verfahren i und j 1.,2.,..,m-te Assoziierte sind.

Zu diesen Zweck untersuchen wir vorerst Eigenschaften der Interblockmatrix NN' von PBIB(m)-Plänen:

Sind zwei Verfahren α, β, s-te Assoziierte $(s=1,..,m)$, dann haben die Zeilen α und β der Interblockmatrix folgende Struktur:

(2.16)

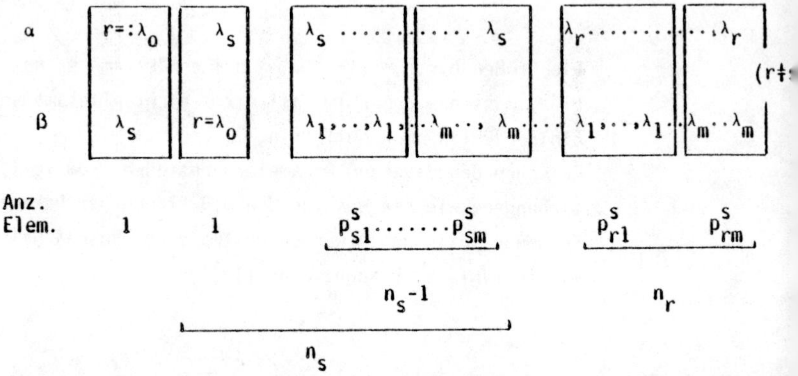

Insbesondere ist NN' symmetrisch; alle Diagonalelemente sind gleich und jede Zeile (Spalte) von NN' enthält die Zahlen $\lambda_s(s=1,..,m)$ gerade n_s mal.

Wir bezeichnen im folgenden ganz allgemein Matrizen mit einem wie in (2.16) dargestellten Aufbau als "Matrizen vom Typ NN'". Bezüglich der Multiplikation und der Inversenbildung von Matrizen vom Typ NN' gilt dann:

(2.17) Sind A, B (vxv)-Matrizen vom Typ NN' und ist $C = AB$, dann ist C ebenfalls vom Typ NN'. Insbesondere ist C symmetrisch mit lauter gleichen Diagonalelementen $\{C\}_{ii} =: c_o$; in jeder Zeile (Spalte) von C kommen die Zahlen $c_s(s=1,..,m)$ jeweils n_s mal vor. Genauer gilt:

$$\{A\}_{xy} = a_i \wedge \{B\}_{xy} = b_i \Rightarrow \{C\}_{xy} = c_i \qquad (i=0,..,m)$$

Beweis:

$$c_{ii} = a_o b_o + \sum_{i=1}^{m} n_i a_i b_i =: c_o \qquad (i=1,..,v)$$

$$c_{\alpha\beta} = a_o b_s + a_s b_o + \sum_{r=1}^{m} \sum_{j=1}^{m} p_{rj}^{s} a_r b_j =$$

$$= a_s b_o + (a_o + \sum_{r=1}^{m} p_{rs}^{s} a_r) b_s + \sum_{j \neq s}^{m} (\sum_{r=1}^{m} p_{rj}^{s} a_r) b_j =: c_s (s=1,..,m)$$

(gleich für alle Elemente $c_{\alpha\beta}$, soferne α und β s-te Assoziierte sind).

(2.18) Soferne die Inverse einer Matrix $\mathbf{A}$ vom Typ $\mathbf{NN'}$ existiert, ist sie ebenfalls vom Typ $\mathbf{NN'}$.

Beweis:

Sei $\mathbf{A}^{-1} = \mathbf{B} = (b_{ij})$ die Inverse von $\mathbf{A}$ und sei angenommen $\mathbf{B}$ vom Typ $\mathbf{NN'}$; wir zeigen, daß $\mathbf{AB} = \mathbf{I}$ dann eine (eindeutige) Lösung hat: ist nämlich $\mathbf{B}$ vom Typ $\mathbf{NN'}$, dann muß gelten:

$$a_o b_o + \sum_{i=1}^{m} n_i a_i b_i = 1$$

$$a_s b_o + (a_o + \sum_{r=1}^{m} p_{rs}^{s} a_r) \, b_s + \sum_{j \neq s}^{m} (\sum_{r=1}^{m} p_{rj}^{s} a_r) \, b_j = 0 \qquad (s=1,..,m).$$

Mit $\kappa_{sj} := \sum_{r=1}^{m} p_{rj}^{s} a_r$ für $s \neq j$

$\kappa_{ss} := a_o + \sum_{r=1}^{m} p_{rs}^{s} a_r$

kann obiges Gleichungssystem geschrieben werden als:

$$\underbrace{\begin{pmatrix} a_0 & n_1 a_1 & n_2 a_2 & \cdots & n_m a_m \\ a_1 & \kappa_{11} & \kappa_{12} & \cdots & \kappa_{1m} \\ a_2 & \kappa_{21} & \kappa_{22} & \cdots & \kappa_{2m} \\ \vdots & \vdots & \vdots & & \vdots \\ a_m & \kappa_{m1} & \kappa_{m2} & & \kappa_{mm} \end{pmatrix}}_{\mathcal{K}} \underbrace{\begin{pmatrix} b_0 \\ b_1 \\ b_2 \\ \vdots \\ b_m \end{pmatrix}}_{\mathfrak{b}} = \begin{pmatrix} 1 \\ 0 \\ 0 \\ \vdots \\ 0 \end{pmatrix}$$

$\mathcal{K}$ erhält man dabei aus $\mathbf{A}$ wie folgt: man definiert zunächst eine $((m+1)\times v)$-Matrix $\mathbf{A}^*$ folgendermaßen:

1. Zeile von $\mathbf{A}^*$..... eine beliebige (o.B.d.A. die erste) Zeile α von $\mathbf{A}$
s-te Zeile von $\mathbf{A}^*$ $(s=2,..,m+1)$ .... eine beliebige Zeile $\beta \neq \alpha$, sodaß gilt: α und β sind s-te Assoziierte.

$\mathcal{K}$ erhält man nun auf folgende Weise aus $\mathbf{A}^*$:

1. Spalte von $\mathcal{K}$ = 1. Spalte von $\mathbf{A}^*$

$\kappa_{1j} = \sum_{\beta} a^*_{1\beta}$, wobei sich die Summation über jene n_{j-1} Indizes β erstreckt, sodaß $(1,\beta)$ $(j-1)$-te Assoziierte sind $(j=2,..,m+1)$

$\kappa_{rj} = \sum_{\beta} a^*_{r\beta}$, wobei sich die Summation über jene n_{j-1} Indizes β erstreckt, die zur Berechnung von κ_{1j} herangezogen wurden $(r=2,..,m+1;\ j=2,..,m+1)$.

Bevor wir im Beweis fortfahren, betrachten wir dazu folgendes Beispiel: der folgende Plan

Block	I	II	III	IV	V	VI	VII	VIII	IX	X
	2	10	7	6	1	5	8	3	9	4
	10	1	3	2	9	4	7	5	6	8
	6	2	8	9	10	3	4	7	1	5
	7	5	2	4	8	10	1	9	3	6

ist ein PBIB(2)-Plan (genauer: ein Dreiecksplan: siehe Abschn.3.2.b, bzw. Plan D23, Tab. 2d/Anhang) mit folgender Interblockmatrix $\mathbf{NN}'$ und Parametern:

$\mathbf{NN}'$ =

		1	2	3	4	5	6	7	8	9	10
α	1	4	1	1	1	1	1	1	2	2	2
β_1	2	1	4	1	1	1	2	2	1	1	2
	3	1	1	4	1	2	1	2	1	2	1
	4	1	1	1	4	2	2	1	2	1	1
	5	1	1	2	2	4	1	1	1	1	2
	6	1	2	1	2	1	4	1	1	2	1
	7	1	2	2	1	1	1	4	2	1	1
β_2	8	2	1	1	2	1	1	2	4	1	1
	9	2	1	2	1	1	2	1	1	4	1
	10	2	2	1	1	2	1	1	1	1	4

$v = 10$

$r = a_o = 4$

$\lambda_1 = a_1 = 1$

$\lambda_2 = a_2 = 2$

$(n_1, n_2) = (6,3)$

Die $\mathbf{P}$ -Matrizen sind dann:

$$\mathbf{P}_1 = \begin{pmatrix} 3 & 2 \\ 2 & 1 \end{pmatrix}; \qquad \mathbf{P}_2 = \begin{pmatrix} 4 & 2 \\ 2 & 0 \end{pmatrix}$$

Dann ist folgende Matrix eine Version von $\mathbf{A}^*$:

		1	2	3	4	5	6	7	8	9	10
α	1	4	1	1	1	1	1	1	2	2	2
β_1	2	1	4	1	1	1	2	2	1	1	2
β_2	3	2	1	1	2	1	1	2	4	1	1

und somit

$$\mathfrak{K} = \begin{pmatrix} a_0 & n_1 a_1 & n_2 a_2 \\ a_1 & \kappa_{11} & \kappa_{12} \\ a_2 & \kappa_{21} & \kappa_{22} \end{pmatrix} = \begin{pmatrix} 4 & 6 & 6 \\ 1 & 11 & 4 \\ 2 & 8 & 6 \end{pmatrix}$$

Wir fahren im Beweis fort: ist $\mathbf{A}$ von vollem Rang, dann gilt:

$$r(\underset{v \times v}{\mathbf{A}}) = v \Rightarrow r(\underset{(m+1)\times v}{\mathbf{A}^*}) = m+1 \Rightarrow r(\underset{(m+1)\times(m+1)}{\mathfrak{K}}) = m+1$$

Das Gleichungssystem $\mathfrak{K}\mathfrak{b} = (10..0)'$ hat somit die eindeutige Lösung $\mathfrak{b} = \mathfrak{K}^{-1} \cdot (10..0)'$

Da mit $\mathbf{NN'}$ auch $\mathbf{C}$ bzw. auch $\mathbf{C} + a\mathfrak{J}_{vv}$ und nach (2.18) auch $(\mathbf{C} + a\mathfrak{J}_{vv})^{-1}$ eine Matrix vom Typ $\mathbf{NN'}$ ist, gibt es wegen (1.30), (1.31) bei einem verbundenen Blockplan höchstens m verschiedene Werte für die Varianz eines ("auf Intrablockinformation beruhenden") Schätzerseines Elementarkontrasts.

Wir überzeugen uns an dieser Stelle noch davon, daß unabhängig von der Wahl der Konstanten a in der Lösungsmatrix $(\mathbf{C} + a\mathfrak{J}_{vv})^{-1}$ stets die Reparametrisierungsbedingung $\Sigma\hat{\tau}_i = \mathbf{1}'\hat{\boldsymbol{\tau}} = 0$ erfüllt ist:

$$\mathbf{1}'\hat{\tau} = [\,\mathbf{1}'(\mathbf{C} + a\,\mathbf{J}_{vv})^{-1}]\,\mathbf{Q} \quad ;$$

da $(\mathbf{C} + a\,\mathbf{J}_{vv})^{-1}$ eine Matrix vom Typ $\mathbf{NN}'$ ist, hat sie auch konstante Zeilen- bzw. Spaltensummen, sodaß:

$$\mathbf{1}'(\mathbf{C} + a\,\mathbf{J}_{vv})^{-1} = (c,..,c) \quad \text{mit} \quad c = a^0 + \sum_{s=1}^{m} n_s a^s$$

und damit:

$$\mathbf{1}'(\mathbf{C} + a\,\mathbf{J}_{vv})^{-1}\mathbf{Q} = c \sum_i Q_i = 0$$

Wir haben in Kap. 1 gesehen, daß den Eigenwerten der $\mathbf{C}$ -Matrix eine entscheidende Rolle in der Diskussion der unvollständigen Blockpläne zukommt; wir wollen diese nun für PBIB(m)-Pläne untersuchen. Unter Berücksichtigung von (2.8) kann anstelle der $\mathbf{C}$ -Matrix ebenso gut die Interblockmatrix $\mathbf{NN}'$ untersucht werden. Sei dazu eine Matrix $\mathbf{M}$...(vxv) wie folgt definiert: $\mathbf{M}$ entstehe aus $\mathbf{NN}'$ dadurch, daß wir in $\mathbf{NN}'$ die Diagonalelemente $(\mathbf{NN}')_{ii}=r$ durch eine Variable z ersetzen. wir suchen nun für $|\mathbf{M}|$ eine Darstellung in Form von Wurzelfaktoren:

(2.19) $$|\mathbf{M}| = \pi(z-z_i)^{\alpha i}$$

$|\mathbf{M}|$ kann als Polynom v-ten Grades in z betrachtet werden; wir bestimmen die Nullstellen dieses Polynoms und dabei auch die Wurzelfaktoren: addiert man die Zeilen 2,3,..,v zur ersten Zeile von $\mathbf{M}$, dann sind alle Elemente der ersten Zeile von $\mathbf{M}$ gleich:

(2.20) $$z + \sum_{s=1}^{m} n_s\lambda_s = z+r(k-1)$$

Wir heben (2.20) heraus: $z - z_0$ mit $z_0 = -\sum_{s=1}^{m} n_s\lambda_s$ ist somit ein Wurzelfaktor von $|\mathbf{M}|$.

Sei nun Ψ ein Eigenwert von $\mathbf{NN'}$; wir setzen $z = r-\Psi$ und erhalten dann durch Nullsetzen von $z-z_0$ einen ersten Eigenwert Ψ_0 von $\mathbf{NN'}$:

$$z - z_0 = r - \Psi+r(k-1) = 0 \Leftrightarrow \Psi = rk =: \Psi_0$$

Zum gleichen Ergebnis gelangen wir natürlich auch durch Anwendung des Ergebnisses (2.8). Da bei einem verbundenen Blockplan $\mathbf{C}$ genau einen Eigenwert von 0 hat, ist $\Psi_0 = rk$ ein einfacher Eigenwert von $\mathbf{NN'}$.

Zur Bestimmung der weiteren Wurzeln von $|\mathbf{M}|$ benützen wir folgendes Ergebnis aus der Algebra:

(2.21) Sei $\mathbf{X'} = (x_1,..,x_v)$; dann gilt:
$|\mathbf{M}| = 0 \Leftrightarrow \mathbf{MX} = \mathbf{0}$ hat außer der trivialen Lösung $(0,0,..,0)$ noch eine andere Lösung.

Für $z = z_0$ ist $\mathbf{X'}_0 = (c,..c)$ (c beliebig reell) eine nicht triviale Lösung für das Gleichungssystem in (2.21).

Sei nun $(x_1,..,x_v)$ eine nicht triviale Lösung; wir addieren die v Gleichungen des in (2.21) angesprochenen Gleichungssystems und erhalten dafür (vgl. u.a. Connor & Clatworthy (1954), Bose & Mesner (1959)):

$$\bar{z}\sum_{i=1}^{v}x_i + \sum_{s=1}^{m}n_s\lambda_s\left(\sum_{i=1}^{v}x_i\right) = 0 \iff (z-z_0)\sum_{i=1}^{v}x_i = 0$$

Wenden wir uns nun dem Fall $z \neq z_0$ zu. Dabei muß gelten:

(2.22) $$\sum_{i=1}^{v}x_i = 0$$

Bezeichne nun $S_s(x_i)$ die Summe jener x_j, für die gilt, daß i und j s-te Assoziierte sind (s=1,..,m). Die v Gleichungen aus (2.21) können dann folgendermaßen angeschrieben werden:

(2.23) $$zx_i + \sum_{s=1}^{m}\lambda_s S_s(x_i) = 0 \qquad (i=1,..,v)$$

Wir halten ein Verfahren i fest und summieren in (2.23) über die s-ten Assoziierten von i. Mit (2.22) und (2.15) erhalten wir dann:

(2.24)
$$\begin{aligned}
&(\lambda_1 p_{s1}^1 + \lambda_2 p_{s2}^1 + .. + \lambda_m p_{sm}^1 - n_s\lambda_s)S_1(x_i) + \ldots \\
&+ \ldots \qquad\qquad\qquad\qquad\qquad\qquad\qquad + \\
&+ (z+\lambda_1 p_{s1}^u + \lambda_2 p_{s2}^u + .. + \lambda_m p_{sm}^u - n_s\lambda_s)S_u(x_i) + \ldots \qquad \text{(wenn u=s)} \\
&+ .. \qquad\qquad\qquad\qquad\qquad\qquad\qquad + \\
&+ (\lambda_1 p_{s1}^m + \lambda_2 p_{s2}^m + .. + \lambda_m p_{sm}^m - n_s\lambda_s)S_m(x_i) \quad = \ 0 \quad (s=1,..,m)
\end{aligned}$$

Mit

(2.25) $$a_{su} := z\delta_{su} + \sum_{k=1}^{m}\lambda_k p_{sk}^u - n_s\lambda_s \qquad (\delta_{su} \ldots \text{Kronecker-Delta})$$

schreiben wir das Gleichungssystem (2.24) folgendermaßen:

$$
\begin{aligned}
&a_{11}S_1(x_i) + a_{12}S_2(x_i) + \ldots + a_{1m}S_m(x_i) = 0 \\
(2.26)\quad &a_{21}S_1(x_i) + a_{22}S_2(x_i) + \ldots + a_{2m}S_m(x_i) = 0 \\
&\vdots \\
&a_{m1}S_1(x_i) + a_{m2}S_2(x_i) + \ldots + a_{mm}S_m(x_i) = 0
\end{aligned}
$$

Sei nun $|M| = 0$, also nicht alle $x_i (i=1,..,v)$ gleichzeitig 0; sei o.B.d.A. $x_i \neq 0$; wegen $\sum_{i=1}^{v} x_i = x_i + \sum_{s=1}^{m} S_s(x_i) = 0$ können in (2.26) nicht alle m Größen $S_s(x_i)$ gleichzeitig Null sein, was aber dann und nur dann der Fall ist, wenn

$$
(2.27)\quad |A| = \left|\begin{pmatrix} a_{11} & \cdots & a_{1m} \\ \vdots & & \vdots \\ a_{m1} & \cdots & a_{mm} \end{pmatrix}\right| = 0
$$

Ist umgekehrt $|A| = 0$, so können nicht alle x_i gleichzeitig Null sein, sodaß (2.27) notwendig und hinreichend für eine von X_0 verschiedene, nicht triviale Lösung des homogenen Gleichungssystems in (2.21) ist. Somit sind die verschiedenen Nullstellen von $|M|$ gleich z_0 und die verschiedenen Nullstellen von $|A|$ aus (2.27), sodaß

$$
(2.28)\quad |M| = (z-z_0)\,(z-z_1)^{\alpha_1}\,(z-z_2)^{\alpha_2} \ldots (z-z_t)^{\alpha_t} ,
$$

wobei $z_1,..,z_t$ $(t \leq m)$ die verschiedenen Nullstellen von $|A|$ sind und $\sum_{u=1}^{t} \alpha_u = v-1$ gilt.

Sei wieder Ψ ein Eigenwert von **NN'** und setzen wir $z = r-\Psi$, dann erhalten wir durch Nullsetzen von $z-z_i$ die weiteren, von Ψ_0 verschiedenen Eigenwerte von **NN'**:

$$z-z_i = r-\Psi-z_i = 0 \Leftrightarrow \Psi = r-z_i =: \Psi_i \quad \text{(mit Vielfachheit } \alpha_i\text{)}$$

Somit gilt für einen PBIB(m)-Plan:

(2.29) $$|\mathbf{NN'}| = rk(r-z_1)^{\alpha_1} (r-z_2)^{\alpha_2} \;.....\; (r-z_t)^{\alpha_t} \quad (t \leq m)$$

Mit (2.29) kann man bereits Aussagen über notwendige Bedingungen für die Existenz von PBIB-Plänen formulieren, etwa: eine notwendige Bedingung für die Existenz eines symmetrischen PBIB-Plans (i.e. ein PBIB-Plan mit v=b bzw. r=k) ist

(2.30) $|\mathbf{NN'}|$ ist das Quadrat einer ganzen Zahl.

Beweis:
$k=r \Rightarrow |\mathbf{NN'}| = r^2 (r-z_1)^{\alpha_1} (r-z_2)^{\alpha_2} \ldots (r-z_t)^{\alpha_t} = |\mathbf{N}|^2$ muß das Quadrat einer ganzen Zahl sein, da **N** nur ganzzahlige Elemente enthält.

Zur Bestimmung der Vielfachheiten α_i bedenken wir folgende Eigenschaften von Eigenwerten: ist Ψ ein Eigenwert von **NN'** , dann ist Ψ^n ein Eigenwert von $(\mathbf{NN'})^n$ und zudem ist die Spur einer Matrix gleich der Summe der Eigenwerte. Die Bestimmung der Vielfachheiten α_i führt somit auf die Lösung eines in den α_i linearen Gleichungssystems:

(2.31)
$$\begin{aligned}
1 &+ \alpha_1 + \ldots\ldots + \alpha_m = sp\,(I)\\
rk &+ \Psi_1\alpha_1 + \ldots\ldots + \Psi_m\alpha_m = sp\,(NN')\\
&\vdots\\
(rk)^{m-1} &+ \Psi_1^{m-1}\alpha_1 + \ldots\ldots + \Psi_m^{m-1}\alpha_m = sp\,[(NN')^{m-1}]
\end{aligned}$$

Wegen der vorhin behandelten speziellen Eigenschaften von Matrizen des Typs NN' läßt sich sp $[(NN')^n]$ stets leicht berechnen:
so ist etwa: sp $(NN') = vr$

$$sp\,[(NN')^2] = v(r^2 + \sum_{i=1}^{m} n_i\lambda_i^2) \text{ etc.}$$

Somit ist folgendes Gleichungssystem zu lösen:

(2.32)
$$\begin{aligned}
\alpha_1 + \ldots\ldots\ldots + \alpha_m &= v-1\\
\Psi_1\alpha_1 + \ldots\ldots\ldots + \Psi_m\alpha_m &= sp(NN') - rk\\
&\vdots\\
\Psi_1^{m-1}\alpha_1 + \ldots\ldots\ldots + \Psi_m^{m-1}\alpha_m &= sp\,[(NN')^{m-1}] - (rk)^{m-1}.
\end{aligned}$$

Die Koeffizientenmatrix des Gleichungssystems (2.32) ist dabei die Vandermonde'sche Matrix:

$$(2.33)\qquad \Psi = \begin{pmatrix} 1 & 1 & \cdots & 1 \\ \psi_1 & \psi_2 & \cdots & \psi_m \\ \vdots & & & \\ \psi_1^{m-1} & \psi_2^{m-1} & \cdots & \psi_m^{m-1} \end{pmatrix},$$

deren Determinante gegeben ist durch

$$(2.34)\qquad |\Psi| = \prod_{1 \le j < k \le m} (\psi_k - \psi_j)$$

Das Gleichungssystem (2.32) hat somit genau dann eine eindeutige Lösung, wenn alle Eigenwerte ψ_s verschieden sind.

3. PBIB(2)-PLÄNE

3.1. Notwendige Bedingungen für die Existenz von PBIB(2)-Plänen

PBIB(2)-Pläne spielen vor allem wegen ihres hohen Grades an Ausgewogenheit (Var $(\hat{\tau}_i - \hat{\tau}_j)$ kann einen von nur zwei möglichen Werten annehmen) und der Tatsache, daß sie für sehr viele Parameterkombinationen auch wirklich konstruierbar sind, in der praktischen Anwendung eine ausgezeichnete Rolle.

Alle bisher bekannten PBIB(2)-Pläne können einem der folgenden Grundtypen zugeordnet werden:

(a) teilbare Pläne (T), weiter unterteilt in:

- singuläre (S)
- semireguläre (SR)
- reguläre Pläne (R)

(b) Dreieckspläne (D)

(c) Pläne vom Typ eines lateinischen Quadrats ("Quadratpläne") (Q)

(d) zyklische Pläne (Z)

(e) restliche Pläne (P), die nicht (a) - (d) zugeordnet werden können.

Pläne, die unter (e) fallen, wurden erstmals von Clatworthy (1973) systematisch zusammengestellt. Konstruktionsmethoden für PBIB(2)-Pläne basieren u.a. auf der Differenzenmethode und auf endlichen Geometrien, sind in ihrer Anzahl jedoch derart umfangreich, sodaß eine detaillierte Beschreibung hier nicht angebracht scheint. Einen Überblick kann man sich bei Raghavarao(1971) beschaffen. Tabelle 2 (Anhang) enthält PBIB(2)-Pläne für $v \leq 16$.

Für $m = 2$ ergeben die Beziehungen (2.15a) - (2.15e) speziell:

(3.1a) $$rv = bk$$

(3.1b) $$\lambda_1 n_1 + \lambda_2 n_2 = r\,(k-1)$$

(3.1c) $$n_1 + n_2 = v-1$$

(3.1d) $$p^1_{11} + p^1_{12} + 1 = p^2_{11} + p^2_{12} = n_1$$

$$p^1_{21} + p^1_{22} = p^2_{21} + p^2_{22} + 1 = n_2$$

(3.1e) $$n_1 p_{12}^1 = n_2 p_{11}^2 \; ; \; n_1 p_{22}^1 = n_2 p_{12}^2$$

Aus (3.1d), (3.1e) folgt unmittelbar

(3.1f) $$n_1 p_{12}^1 + n_2 p_{12}^2 = n_1 n_2$$

(3.1g) $$0 \leq p_{12}^1 \leq n_1 - 1 \; ; \; 0 \leq p_{12}^2 \leq n_2 - 1$$

Die Anwendung der Ergebnisse aus Abschnitt (2.2) ergibt eine Reihe von notwendigen Bedingungen für die Existenz von PBIB(2)-Plänen: für m = 2 erhalten wir mit (2.25) und (2.27):

(3.2a) $$|A| = \begin{vmatrix} z + \lambda_1 p_{11}^1 + \lambda_2 p_{12}^1 - \lambda_1 n_1 & \lambda_1 p_{11}^2 + \lambda_2 p_{12}^2 - \lambda_1 n_1 \\ \lambda_1 p_{21}^1 + \lambda_2 p_{22}^1 - \lambda_2 n_2 & z + \lambda_1 p_{21}^2 + \lambda_2 p_{22}^2 - \lambda_2 n_2 \end{vmatrix} = 0$$

Mit den Beziehungen (3.1a) - (3.1e) können wir $|A|$ als Funktion von z, λ_1, λ_2, p_{12}^1 und p_{12}^2 darstellen. Wir addieren die zweite Zeile zur ersten und erhalten:

(3.2b) $$|A| = \begin{vmatrix} z - \lambda_1 & z - \lambda_2 \\ p_{21}^1 (\lambda_1 - \lambda_2) & z + p_{21}^2 (\lambda_1 - \lambda_2) - \lambda_2 \end{vmatrix}$$

sodaß

$|A| = 0 \Leftrightarrow$

(3.2c) $$\Leftrightarrow z^2 + [(\lambda_1 - \lambda_2)(p_{12}^2 - p_{12}^1) - (\lambda_1 + \lambda_2)] \; z + + [(\lambda_1 - \lambda_2)(\lambda_2 p_{12}^1 - \lambda_1 p_{12}^2) + \lambda_1 \lambda_2] = 0$$

Wir lösen diese quadratische Gleichung, indem wir setzen:

(3.3a) $$\gamma = p_{12}^2 - p_{12}^1 \quad ; \quad \beta = p_{12}^1 + p_{12}^2$$

dann gilt:

$$_1z_2 = -\frac{1}{2} \; [(\lambda_1 - \lambda_2)\gamma - (\lambda_1 + \lambda_2) \pm \pm \sqrt{\frac{(\lambda_1 - \lambda_2) \; \gamma - (\lambda_1 + \lambda_2)^2}{4} - [\lambda_1 \lambda_2 (\beta + 1) - \lambda_1^2 p_{12}^2 - \lambda_2^2 p_{12}^1]}$$

Setzt man schließlich

(3.3b) $$\Delta = \gamma^2 + 2\beta + 1$$

dann erhalten wir die Lösungen

(3.4) $$z_i = \frac{1}{2} \; [(\lambda_1 - \lambda_2)(-\gamma + (-1)^i \sqrt{\Delta}) + (\lambda_1 + \lambda_2)] \qquad (i=1,2)$$

und

(3.5) $$\Psi_i = r - z_i \qquad (i = 1,2)$$

Wir beachten, daß $\Delta > 0$, sodaß $z_1 \neq z_2$ und damit t=m=2 in (2.28) gilt.

Zur Bestimmung der Vielfachheiten $\alpha_1 \alpha_2$ lösen wir gemäß (2.32) das Gleichungssystem

$$\begin{aligned} \alpha_1 + \alpha_2 &= v-1 \\ \alpha_1 \Psi_1 + \alpha_2 \Psi_2 &= vr-rk \end{aligned} \qquad (3.6)$$

und erhalten mit Ψ_i aus (3.5) als Lösung:

$$\alpha_i = \frac{n_1+n_2}{2} + (-1)^i \left[\frac{(n_1-n_2)+\gamma\,(n_1+n_2)}{2\sqrt{\Delta}} \right] \qquad (i = 1,2) \qquad (3.7)$$

Wir beachten, daß die Vielfachheiten α_i nur von den Parametern des Assoziationsschemas, nicht aber von den Parametern des Versuchsplans abhängen. Bose u. Mesner (1959) zeigen, daß dies für beliebiges m gilt.

Für einen PBIB(2)-Plan gilt somit:

$$|NN'| = rk\,(r-z_1)^{\alpha_1}\,(r-z_2)^{\alpha_2} \quad ; \quad \alpha_1+\alpha_2 = v-1 \ ; \quad \alpha_1, \alpha_2 \in \mathbb{N} \qquad (3.8)$$

(mit z_i aus (3.4) und α_i aus (3.7)).

Aus (2.30) folgt speziell als notwendige Bedingung für die Existenz eines symmetrischen PBIB(2)-Plans:

(3.9) $|NN'| = r^2\,(r-z_1)^{\alpha_1}\,(r-z_2)^{\alpha_2}$; $(\alpha_1+\alpha_2 = v-1)$ ist das Quadrat einer ganzen Zahl.

Die Ganzzahligkeit der α_i (i = 1,2) kann indes ausgenützt werden, um weitere notwendige Bedingungen für die Existenz von PBIB(2)-Plänen zu formulieren: so sind für ungerades (resp. gerades) v folgende Bedingungen notwendig:

(3.10) Ist v ungerade und Δ (gemäß (3.3b)) Quadrat einer ganzen Zahl, dann muß $\eta := \dfrac{(v-1)(1-\gamma)-2n_1}{2\sqrt{\Delta}}$ (mit γ aus (3.3a)) ganzzahlig sein.

Beweis:

$$\alpha_1 = \frac{n_1+n_2}{2} - \frac{(n_1-n_2)+\gamma(n_1+n_2)}{2\sqrt{\Delta}} = \frac{v-1}{2} + \eta \text{ muß ganzzahlig sein}$$

und somit auch η

(3.11) Ist v gerade, dann muß Δ Quadrat einer ganzen Zahl und 2η eine ungerade Zahl sein.

Beweis:

$\alpha_1 = \frac{1}{2}(v-1 + 2\eta)$ muß ganzzahlig sein; da (v-1) ungerade ist, muß auch 2η ungerade sein. Betrachten wir den Ausdruck für η in (3.10) und halten fest, daß v, γ, n_1 ganzzahlig sind, so erkennen wir, daß Δ das Quadrat einer ganzen Zahl sein muß.

3.2. Spezielle PBIB(2)-Pläne

Gemäß der eingangs gegebenen Klassifikation von PBIB(2)-Plänen untersuchen wir nun speziell:

(a) Teilbare Pläne

Ein teilbarer Plan liegt vor, wenn $v = mn$ Verfahren in m Gruppen zu je n (verschiedenen) Verfahren unterteilt werden können, sodaß je zwei Verfahren, die der gleichen Gruppe angehören, erste Assoziierte und je zwei Verfahren, die verschiedenen Gruppen angehören, zweite Assoziierte sind. Das Assoziationsschema für teilbare Pläne kann somit als (mxn)-Feld angeschrieben werden, in dem die Zeilen die Gruppen darstellen. Die Parameter des Assoziationsschemas eines teilbaren Plans sind dann:

(3.12a) $$v = mn, \quad n_1 = n-1, \quad n_2 = n(m-1)$$

und

(3.12b) $$\mathfrak{P}_1 = (p^1_{jk}) = \begin{pmatrix} n-2 & 0 \\ 0 & n(m-1) \end{pmatrix}; \quad \mathfrak{P}_2 = (p^2_{jk}) = \begin{pmatrix} 0 & n-1 \\ n-1 & n(m-2) \end{pmatrix}$$

Für teilbare Pläne verlangen wir sinnvollerweise $\lambda_2 > 0$, denn wäre $\lambda_2 = 0$, so würden Verfahren i,j, die verschiedenen Gruppen angehören, nie zusammen im gleichen Block vorkommen und entsprechende Elementarkontraste $\tau_i-\tau_j$ wären nicht schätzbar, der Plan also nicht verbunden.

Aus (3.12b) erkennen wir, daß für teilbare Pläne stets $p_{12}^1 = 0$ gilt. Tatsächlich gilt jedoch auch die Umkehrung, sodaß:

(3.13) ein PBIB(2)-Plan ist teilbar $\Leftrightarrow p_{12}^1 = 0$

Beweis:

$$p_{12}^1 = 0 \Rightarrow p_{11}^1 = n_1 - 1 \quad \text{(wegen (3.1d))};$$

seien Verfahren i_o und i_1 erste Assoziierte und seien $i_2,\ldots,i_{n_1}$ die weiteren ersten Assoziierten von i_o. Da i_o und i_1 genau n_1-1 gemeinsame erste Assoziierte haben, müssen dies gerade die Verfahren $i_2,..,i_{n_1}$ sein: somit sind alle Verfahren (außer i_1),die erste Assoziierte von i_o sind, auch erste Assoziierte von i_1. Die v Verfahren können dann stets derart in Gruppen zu $n_1+1=: n$ Verfahren unterteilt werden, daß je zwei Verfahren der gleichen Gruppe erste Assoziierte, je zwei Verfahren verschiedener Gruppen zweite Assoziierte sind.

Gilt $p_{12}^2 = 0$, so zeigt man entsprechend, daß der PBIB(2)-Plan teilbar ist,nur sind dann eben die Verfahren der gleichen Gruppe zweite Assoziierte. Somit ist p_{12}^i (i=1,2) = 0 eine notwendige und hinreichende Bedingung dafür, daß ein PBIB(2)-Plan teilbar ist. Die Verfahren der gleichen Gruppe sind dabei i-te Assoziierte.

Mit den Parametern aus (3.12) erhält man für γ,β und Δ (aus (3.3)):

$$\gamma = \beta = n-1 \quad ; \quad \Delta = n^2$$

Mit (3.4) und (3.7) erhält man sodann:

$$z_1 = -(n-1)\lambda_1 + n\lambda_2 \quad , \quad z_2 = \lambda_1$$

(3.14)

$$\alpha_1 = m-1 \qquad \alpha_2 = m(n-1)$$

Unter Beachtung von (3.1b) und (3.12) erhalten wir somit nach (3.9):

(3.15) $$|NN'| = rk\ (rk-\lambda_2 v)^{m-1}\ (r-\lambda_1)^{m(n-1)}$$

Auf der Grundlage dieses Ergebnisses teilen wir nach Bose und Connor (1952) teilbare Pläne wie folgt ein:

- singuläre Pläne mit $r - \lambda_1 = 0$
- semireguläre Pläne mit $r - \lambda_1 > 0$ und $rk - \lambda_2 v = 0$
- reguläre Pläne mit $r - \lambda_1 > 0$ und $rk - \lambda_2 v > 0$

Offensichtlich gilt stets $r \geq \lambda_i (i=1,2)$.

Einen singulären teilbaren Plan konstruiert man einfach dadurch, daß man in einem BIB-Plan mit Parametern $(r^*, b^*, k^*, \lambda^*)$ jedes Verfahren durch eine Gruppe von n Verfahren ersetzt. Man hat somit $v := nv^*$ Verfahren, die wir in v^* Gruppen unterteilen können. Zwei Verfahren ein und derselben Gruppe kommen nun zusammen $\lambda_1 := r^*$ mal im gleichen Block vor, hingegen kommen zwei Verfahren verschiedener Gruppen $\lambda_2 := \lambda^*$ mal zusammen im gleichen Block vor. Somit erhalten wir einen teilbaren Plan mit Parametern

$$v = nv^* \quad b = b^* \quad r = r^* \quad k = nk^*$$

(3.16)

$$\lambda_1 = r^* \quad \lambda_2 = \lambda^* \quad m = v^* \quad n = n$$

Dieser Plan ist singulär wegen $r = \lambda_1$.

Ist umgekehrt ein teilbarer Plan singulär und kommt ein Verfahren i in einem bestimmten Block vor, dann muß wegen $r = \lambda_1$ jedes andere Verfahren j, das zur gleichen Gruppe wie i gehört, auch in diesem Block vorkommen. Ersetzen wir nun jede Gruppe von Verfahren durch ein einziges Verfahren, so hat der neue Plan m Verfahren. Der neue Plan ist zudem ein BIB-Plan mit Parametern

(3.17) $$v^* = m \quad b^* = b \quad r^* = r \quad k^* = k/n \quad \lambda^* = \lambda_2,$$

da je zwei Verfahren verschiedener Gruppen im ursprünglichen Plan gerade λ_2 mal zusammen im gleichen Block vorkommen. Mit (2.2c) folgt somit, daß für einen singulären teilbaren Plan stets $b \geq m$ gilt. Zusammen mit (2.2b) gestattet uns diese Konstruktionsvorschrift weiters zu zeigen, daß (auch für) singuläre teilbare Pläne stets gilt:

(3.18) $$rk - \lambda_2 v \geq 0$$

Beweis:

$$rk - \lambda_2 v = n(r^* k^* - \lambda^* v^*) = n\,(r^* - \lambda^*) \geq 0$$

Betrachten wir nun einen <u>beliebigen</u> PBIB(2)-Plan mit $r = \lambda_1$: da ein Verfahren höchstens einmal pro Block vorkommen kann, müssen dann die ersten Assoziierten eines Verfahrens i in genau den Blöcken vorkommen, in denen i vorkommt: jeder Block besteht somit aus $k^* = k/n$ $(n{:}=n_1+1)$ Gruppen von Verfahren. Je zwei Verfahren verschiedener Gruppen sind nun aber zweite Assoziierte (denn wären sie es nicht, so wären sie erste Assoziierte und gehörten somit zur gleichen Gruppe) und somit können die v Verfahren in $m = v/n$ Gruppen derart unterteilt werden, daß je zwei Verfahren aus der gleichen Gruppe erste Assoziierte und je zwei Verfahren aus verschiedenen Gruppen zweite Assoziierte sind. Dies ist aber gerade die Definition eines teilbaren Plans und somit ist jeder PBIB(2)-Plan mit $r = \lambda_1$ ein singulärer teilbarer Plan, bei dem die Blockgröße k ein ganzzahliges Vielfaches von n sein muß. Ist zudem $\lambda_2 = 0$, dann enthält kein Block Verfahren verschiedener Gruppen und der Plan ist nicht verbunden. Somit ist also jeder PBIB(2)-Plan mit $\lambda_1 = r$, $\lambda_2 = 0$ ein unverbundener Plan.

Für reguläre Pläne gilt definitionsgemäß $r > \lambda_1$ und $rk - v\lambda_2 > 0$, sodaß nach (3.15) stets $|\mathbf{NN'}| > 0$ gilt. Somit gilt für reguläre Pläne analog zur Fisher'schen Ungleichung in (2.2c):

(3.19) $$v = r(\mathbf{NN'}) = r(\mathbf{N}) \leq \min(b,v) \Rightarrow b \geq v$$

$|\mathbf{NN'}| \geq 0$ stellt eine notwendige Bedingung für die Existenz teilbarer Pläne dar: so etwa kann es keinen teilbaren Plan mit Parametern $(m, n, \lambda_1, \lambda_2, r, k) = (6, 4, 0, 11, 20, 12)$ geben.

Gemäß (3.9) muß für symmetrische teilbare Pläne

$$|\mathbf{NN'}| = r^2 (r^2 - v\lambda_2)^{m-1} (r-\lambda_1)^{m(n-1)}$$

das Quadrat einer ganzen Zahl sein.

Mit (1.28) können wir den Effizienzfaktor E darstellen gemäß:

(3.20) $$E = \frac{v-1}{r\sum_{i=1}^{v-1} 1/\theta_i}$$ mit Ψ_i ... Eigenwerte von $\mathbf{NN'}$

θ_i ... Eigenwerte von $\mathbf{C}$;

$$\theta_i = \frac{rk-\Psi_i}{k}$$

Somit ist $\theta_1 = \frac{\lambda_2 v}{k}$ ein (m-1)-facher und $\theta_2 = \frac{r(k-1)+\lambda_1}{k}$ ein [m(n-1)] -facher Eigenwert von $\mathbf{C}$.

Mit (3.1b) und (3.12a) erhält man dann:

(3.21) $$E = \frac{v(v-1)\lambda_2[\lambda_1+(m-1)\lambda_2]}{rk\ [(m-1)\lambda_1 + (mv-2m+1)\lambda_2]}$$

<u>(b) Dreieckspläne</u>

Ein Dreiecksplan liegt vor, wenn für $v = \binom{n}{2}$ Verfahren das Assoziationsschema eines Blockplans ein(nxn)-Feld mit folgenden Eigenschaften ist:

- die Hauptdiagonalelemente bleiben leer
- die $\binom{n}{2}$ Elemente über der Hauptdiagonale werden mit den (den Verfahren korrespondierenden) Zahlen 1, 2,...,v=n(n-1)/2 besetzt
- die $\binom{n}{2}$ Elemente unter der Hauptdiagonale werden so besetzt, daß das Feld symmetrisch bezüglich der Hauptdiagonale ist.
- die ersten Assoziierten eines jeden Verfahrens i sind all jene

Verfahren, die in einer Zeile oder Spalte mit i zusammen vorkommen, die zweiten Assoziierten sind alle anderen Verfahren.

Für n = 5 hätte man somit:

*	1	2	3	4
1	*	5	6	7
2	5	*	8	9
3	6	8	*	10
4	7	9	10	*

Die Parameter des Plans sind dann:

(3.22a) $$v = \binom{n}{2} \ , \quad n_1 = 2\,(n-2) \ , \quad n_2 = (n-2)\,(n-3)/2$$

und

(3.22b)
$$\mathfrak{P}_1 = (p^1_{jk}) = \begin{pmatrix} n-2 & n-3 \\ n-3 & (n-3)(n-4)/2 \end{pmatrix}$$

$$\mathfrak{P}_2 = (p^2_{jk}) = \begin{pmatrix} 4 & 2n-8 \\ 2n-8 & (n-4)(n-5)/2 \end{pmatrix}$$

Man sieht, daß es Dreieckspläne nur für $n \geq 5$ (resp. $v=10,15,\ldots$) gibt: für $n=4$ gilt $p^2_{12} = 0$ und der Plan ist somit unter den teilbaren klassifiziert; für $n=2,3$ gilt $n_2 = 0$ und der Plan ist kein PBIB(2)-Plan mehr.

Mit den Parametern aus (3.22) erhält man für γ,β,Δ (gemäß (3.3)):

$$\gamma = n-5, \quad \beta = 3n-11, \quad \Delta = (n-2)^2$$

Mit (3.4) und (3.7) erhält man sodann:

(3.23)
$$z_1 = -(n-4)\lambda_1 + (n-3)\lambda_2 \qquad z_2 = 2\lambda_1 - \lambda_2$$
$$\alpha_1 = n-1 \qquad \alpha_2 = n(n-3)/2$$

Somit gilt nach (3.8):

(3.24)
$$|NN'| = rk\,[r+(n-4)\lambda_1 - (n-3)\lambda_2]^{n-1}\,[r-2\lambda_1+\lambda_2]^{n(n-3)/2}$$

Daraus erhalten wir wieder - wie bei den teilbaren Plänen - den Effizienzfaktor, für den es allerdings keine mit (3.21) vergleichbare kompakte Darstellung gibt.

(c) Quadratpläne ($L_i(n)$-Pläne)

Unter einem (nxn)-lateinischen Quadrat versteht man eine Anordnung von n Buchstaben (Nummern) in einem quadratischen Feld der Dimension n derart, daß jeder Buchstabe pro Zeile und Spalte genau einmal vorkommt. So etwa sind folgende vier Anordnungen Beispiele für verschiedene lateinische Quadrate der Dimension n = 5 :

A B C D E	A B C D E	A B C D E	A B C D E
B C D E A	C D E A B	D E A B C	E A B C D
C D E A B	E A B C D	B C D E A	D E A B C
D E A B C	B C D E A	E A B C D	C D E A B
E A B C D	D E A B C	C D E A B	B C D E A

Legt man über ein lateinisches Quadrat ein zweites (wobei man die Symbole nun mit griechischen Buchstaben bezeichnet) derart, daß jeder lateinische Buchstabe genau einmal mit einem griechischen Buchstaben zusammentrifft, so heißen die beiden lateinischen Quadrate "orthogonal zueinander" und man nennt das kombinierte Gebilde ein "Graeco-lateinisches Quadrat". Für n = 5 erhält man etwa ein graeco-lateinisches Quadrat durch Überlagerung der beiden ersten lateinischen Quadrate im eingangs gegebenen Beispiel:

$A\alpha$	$B\beta$	$C\gamma$	$D\delta$	$E\varepsilon$
$B\gamma$	$C\delta$	$D\varepsilon$	$E\alpha$	$A\beta$
$C\varepsilon$	$D\alpha$	$E\beta$	$A\gamma$	$B\delta$
$D\beta$	$E\gamma$	$A\delta$	$B\varepsilon$	$C\alpha$
$E\delta$	$A\varepsilon$	$B\alpha$	$C\beta$	$D\gamma$

Tatsächlich bilden die vier lateinischen Quadrate des ersten Beispiels eine Gruppe von (paarweise zueinander) orthogonalen Quadraten.

Quadratpläne sind nun Pläne für $v = n^2$ Verfahren. Das zugrunde gelegte Assoziationsschema ist ein quadratisches Feld der Dimension n, das die verschiedenen Verfahren (1,2,...,v) = (a,b,....) enthält und dem (i - 2) orthogonale lateinische Quadrate übergelagert werden. Die n_1 ersten Assoziierten eines Verfahrens j sollen dabei all jene Verfahren sein, die mit j in der gleichen Zeile oder Spalte vorkommen, sowie jene Verfahren, denen gleiche Buchstaben eines der übergelagerten lateinischen Quadrate zugeordnet sind. Die zweiten Assoziierten von j sind entsprechend alle übrigen Verfahren.

Betrachten wir dazu als Beispiel ein L_3 (5) - Schema mit den $v = n^2 = 25$ Verfahren a,b,...,y:

aA	bB	cC	dD	eE
fE	gA	hB	iC	jD
kD	lE	mA	nB	oC
pC	qD	rE	sA	tB
uB	vC	wD	xE	yA

Die ersten Assoziierten von Verfahren h sind somit:

f, g, i, j, c, m, r, w, b, n, t, u

Die Parameter eines $L_i(n)$-Plans sind dann:

(3.25a) $$v = n^2, \qquad n_1 = i(n-1); \qquad n_2 = (n-1)(n-i+1)$$

und

$$\mathfrak{P}_1 = (p^1_{jk}) = \begin{pmatrix} i^2-3i+n & (i-1)(n-i+1) \\ (i-1)(n-i+1) & (n-i)(n-i+1) \end{pmatrix} ;$$

(3.25b)

$$\mathfrak{P}_2 = (p^2_{jk}) = \begin{pmatrix} i(i-1) & i(n-i) \\ i(n-i) & (n-i)^2+i-2 \end{pmatrix}$$

Die Parameter i und n können nicht willkürlich gewählt werden, sondern unterliegen bestimmten Restriktionen: da es zu gegebenem n höchstens n-1 orthogonale lateinische Quadradte gibt,muß $2 \leq i \leq n+1$ gelten. Wir können die obere Grenze für i jedoch noch weiter einschränken, wenn wi bedenken, daß für i = n+1 gemäß (3.25a) $n_2 = 0$ wäre (und der Plan somit kein PBIB(2)-Plan) und für i = n gemäß (3.25b) $p_{12}^2 = 0$ wäre (und der Plan - falls es ihn überhaupt gibt - somit unter den teilbaren Plänen klassifiziert wäre.

Mit $i \leq n - 1$ muß aber auch $n \geq 3$ gelten, sodaß wir letztlich folgende Restriktionen haben:

(3.26) $$n \geq 3 \quad ; \quad 2 \leq i \leq n-1$$

Mit den Parametern aus (3.25) erhält man für γ, β, Δ (gemäß (3.3)):

$$\gamma = n-2i + 1, \qquad \beta = 2i(n-i + 1)-1-n, \qquad \Delta = n^2$$

Mit (3.4) und (3.7) erhält man sodann:

(3.27) $$z_1 = -(n-i)\lambda_1 + (n-i+1)\lambda_2 \qquad z_2 = i\lambda_1 - (i-1)\lambda_2$$
$$\alpha_1 = i\,(n-1) \qquad \alpha_2 = (n-1)\,(n-i+1)$$

Somit gilt nach (3.8):

(3.28) $$|NN'| = rk[r+(n-i)\lambda_1 - (n-i+1)\lambda_2]^{i(n-1)} \; [r-i\lambda_1 + (i-1)\lambda_2]^{(n-1)(n-i+1)}$$

(d) Zyklische Pläne

Seien v Verfahren mit 0,1, ...,v-1 bezeichnet und seien die ersten Assoziierten eines Verfahrens i gerade die Verfahren

$$i + d_1,\; i + d_2,\; \ldots,\; i + d_{n_1} \pmod v$$

wobei die Zahlen $d_1,\ldots,d_{n_1}$ folgende Bedingungen erfüllen:

- alle d_s sind verschieden und $1 \leq d_s \leq v-1$ $(s=1,\ldots,n_1)$
- unter den $n_1(n_1-1)$ Differenzen $d_s - d_{s'}$ $(s,s' = 1,\ldots,n_1;\ s \neq s')$ (mod v) kommt jede der Zahlen $d_1,\ldots,d_{n_1}$ gerade α-mal und jede der restlichen Zahlen $e_1,\ldots,e_{n_2}$ gerade β-mal vor.

Ein solches Assoziationsschema heißt "zyklisch" und ein darauf basierender PBIB(2)-Plan heißt entsprechend "zyklischer Plan"; man gewinnt ihn durch zyklische Entwicklung eines "Anfangsblocks".

Die Differenzen $d_s - d_{s'}$ sind gerade die Differenzen der Zahlen für zwei Verfahren j und k, die erste Assoziierte zu i sind; ergibt diese Differenz einen Wert d, dann sind auch j und k erste Assoziierte. Da jedes d_s gerade α-mal vorkommt, gibt es genau α Verfahren, die erste Assoziierte zu i als auch zu j sind: somit $p_{11}^1 = \alpha$. Ergibt diese Differenz hingegen einen Wert e, so sind Verfahren j und k zweite Assoziierte, die gemeinsam i als ersten Assoziierten haben. Da jedes e_s gerade β-mal vorkommt, gibt es genau β Verfahren, die erste Assoziierte zu (den zweiten Assoziierten) j und k sind: somit $p_{11}^2 = \beta$. Somit gilt notwendigerweise für zyklischen Pläne:

(3.29) $$n_1\alpha + n_2\beta = n_1(n_1-1)$$

Die $\mathcal{P}$-Matrizen eines zyklischen PBIB(2)-Plans sind dann:

$$(3.30)\qquad \mathfrak{P}_1 = (p^1_{jk}) = \begin{pmatrix} \alpha & n_1-\alpha-1 \\ n_1-\alpha-1 & n_2-n_1+\alpha+1 \end{pmatrix},$$

$$\mathfrak{P}_2 = (p^2_{jk}) = \begin{pmatrix} \beta & n_1-\beta \\ n_1-\beta & n_2-n_1+\beta-1 \end{pmatrix}$$

Betrachten wir als Beispiel einen Plan mit $v = 13$ und

$$d_1 = 2 \quad d_2 = 5 \quad d_3 = 6 \quad d_4 = 7 \quad d_5 = 8 \quad d_6 = 11 \quad (n_1=6)$$

Die $n_1(n_1-1) = 30$ Differenzen $(d_s-d_{s'})$ sind dann:

10	9	8	7	4
3	12	11	10	7
4	1	12	11	8
5	2	1	12	9
6	3	2	1	10
9	6	5	4	3

Jede der Zahlen d_i $(i=1,\dots,6)$ kommt $\alpha = 2$ mal, jede der Zahlen $(e_1,\dots,e_6) = (1, 3, 4, 9, 10, 12)$ kommt $\beta = 3$ mal vor; das Assoziationsschema des Plans ist also zyklisch und die ersten Assoziierten eines Verfahrens i sind:

$$i+2, \quad i+5, \quad i+6, \quad i+7, \quad i+8, \quad i+11 \quad (\text{mod } v)$$

und

$$\mathfrak{P}_1 = \begin{pmatrix} 2 & 3 \\ 3 & 3 \end{pmatrix}, \quad \mathfrak{P}_2 = \begin{pmatrix} 3 & 3 \\ 3 & 2 \end{pmatrix}$$

Alle <u>bekannten</u> zyklischen PBIB(2)-Pläne haben speziell die Parameter

(3.31a) $$v = 4t + 1 \quad , \quad n_1 = n_2 = 2t \qquad (t \geq 1)$$

und

(3.31b) $$\mathcal{P}_1 = (p^1_{jk}) = \begin{pmatrix} t-1 & t \\ t & t \end{pmatrix}; \quad \mathcal{P}_2 = \begin{pmatrix} t & t \\ t & t-1 \end{pmatrix}$$

Ein durch (3.31) gegebenes Assoziationsschema heißt generell "pseudozyklisch". Folgende Bedingungen sind - jeweils für sich allein - hinreichend dafür, daß ein Assoziationsschema pseudozyklisch ist:

(3.32a) v ungerade, Δ (gemäß (3.3b)) nicht Quadrat einer ganzen Zahl.

(3.32b) v ... Primzahl

Beweis:

ad (3.32a): Für die Vielfachheiten α_i (gemäß (3.7)) muß gelten:

$$\alpha_i = \frac{v-1}{2} + (-1)^i \left[\frac{(n_1-n_2) + \gamma(n_1+n_2)}{2\sqrt{\Delta}}\right] \in \mathbb{N} \qquad (i=1,2)$$

Somit muß gelten:

$$(n_1-n_2) + \gamma(n_1+n_2) = 0 \iff n_1 = n_2 \wedge \gamma = 0$$

$$\gamma = 0 \iff p^1_{12} = p^2_{12} =: t, \text{ somit nach (3.1e) auch } p^1_{22} = p^2_{11} = t$$

und nach (3.1d) $n_1 = n_2 = 2\,t$ und damit $v = 4t + 1$

ad (3.32b): mit $s := \frac{1}{2}\ (\sqrt{\Delta}-\gamma-1)$

$t := \frac{1}{2}\ (\sqrt{\Delta}+\gamma-1)$ erhalten wir für α_i in (3.7):

$$\alpha_1 = \frac{sn_1+(s+1)n_2}{\sqrt{\Delta}} \quad ; \quad \alpha_2 = \frac{(t+1)n_1+tn_2}{\sqrt{\Delta}}$$

und damit auch: $\sqrt{\Delta} = s + t + 1$

$\gamma = t - s$

Mit $p_{12}^2 = \gamma + p_{12}^1$ gilt dann

$$\Delta = \gamma\,(\gamma+2) + 4\,p_{12}^1 + 1$$

und somit:

$$p_{12}^1 = s\,(t+1)$$

$$p_{12}^2 = (s+1)\,t$$

Somit gilt unter Beachtung von (3.1c) - (3.1e):

$$\begin{aligned}\Delta\alpha_1\alpha_2 &= [n_1 s + n_2(s+1)]\ .\ [n_1(t+1) + n_2 t] \\ &= (n_1)^2\,p_{12}^1 + n_1n_2\,(2st + s + t + 1) + (n_2)^2\,p_{12}^2 \\ &= n_1n_2\,p_{11}^2 + n_1n_2\,(p_{12}^1+p_{12}^2+1) + n_2n_1p_{22}^1 \\ &= n_1n_2\,(n_1+n_2+1) \\ &= v\,n_1n_2\end{aligned}$$

Ist nun v eine Primzahl, dann teilt v(nicht aber v^2) neben vn_1n_2 auch $\Delta\alpha_1\alpha_2$ und damit auch Δ; damit ist Δ nicht Quadrat einer ganzen Zahl und das Assoziationsschema wegen (3.32a) pseudozyklisch.

3.3. Die Intrablockgleichungen für PBIB(2)-Pläne

Gleichung (1.7) gibt allgemein die i-te Zeile des reduzierten Normalgleichungssystems für einen beliebigen Blockplan an. Mit $k_j = k$ und $r_i = r$ erhalten wir:

$$Q_i = r\hat{\tau}_i - \frac{1}{k} \sum_h (\sum_j n_{ij}n_{hj})\,\hat{\tau}_h =$$

$$= r\hat{\tau}_i - \frac{1}{k}\hat{\tau}_i \sum_j n_{ij} - \frac{1}{k}\sum_{h\neq i}(\sum_j n_{ij}n_{hj})\hat{\tau}_h$$

$$= r(1-\frac{1}{k})\hat{\tau}_i - \frac{1}{k}\sum_{h\neq i}(\sum_j n_{ij}n_{hj})\hat{\tau}_h$$

Sei nun $S_l(\hat{\tau}_i) := \sum_s \hat{\tau}_s$, wobei sich die Summation über jene Verfahren s erstreckt, sodaß i und s gerade l-te Assoziierte sind.

Dann ist:

$$Q_i = r(1-\frac{1}{k})\hat{\tau}_i - \frac{1}{k}\sum_{\substack{h:\text{hundi}\\ \text{1.Assoz.}}} \hat{\tau}_h (\sum_j n_{ij}n_{hj}) - \frac{1}{k}\sum_{\substack{h:\text{hundi}\\ \text{2.Assoz.}}} \hat{\tau}_h(\sum_j n_{ij}n_{hj}) =$$

$$= r(1-\frac{1}{k})\hat{\tau}_i - \frac{\lambda_1}{k}S_1(\hat{\tau}_i) - \frac{\lambda_2}{k}S_2(\hat{\tau}_i)$$

und somit auch:

(3.33) $$kQ_i = r(k-1)\hat{\tau}_i - \lambda_1 S_1(\hat{\tau}_i) - \lambda_2 S_2(\hat{\tau}_i)$$

Sei nun S_1 (Q_i) analog zu S_1 $(\hat{\tau}_i)$ definiert, dann ist:

$$kS_1(Q_i) = r(k-1)\, S_1(\hat{\tau}_i) - \lambda_1 \underbrace{\sum_{\substack{s:\text{s und i}\\ 1.\text{Assoz.}}} S_1(\hat{\tau}_s)}_{=:A} - \lambda_2 \underbrace{\sum_{\substack{s:\text{s und i}\\ 1.\text{Assoz.}}} S_2(\hat{\tau}_s)}_{=:B}$$

Um etwa A zu berechnen stellen wir folgende Überlegung an:

- A enthält $\hat{\tau}_i$ in jedem seiner n_1 Summanden gerade einmal
- ist j eines jener n_1 (bzw. n_2) Verfahren, sodaß Verfahren i und j gerade 1. (bzw. 2.) Assoziierte sind, dann wird $\hat{\tau}_j$ in den Summanden von A gerade p_{11}^1 (bzw. p_{11}^2) mal gezählt.

Somit ist:

$$A = n_1\hat{\tau}_i + p_{11}^1\, S_1\,(\hat{\tau}_i) + p_{11}^2\, S_2\,(\hat{\tau}_i)$$

Analog erhält man:

$$B = p_{12}^1\, S_1\,(\hat{\tau}_i) + p_{12}^2\, S_2(\hat{\tau}_i)$$

und somit:

(3.34a) $$kS_1(Q_i) = -\lambda_1 n_1 \hat{\tau}_i + [r(k-1) - \lambda_1 p_{11}^1 - \lambda_2 p_{12}^1]\, S_1(\hat{\tau}_i) + + [-\lambda_1 p_{11}^2 - \lambda_2 p_{12}^2]\, S_2(\hat{\tau}_i)$$

Analog erhält man:

(3.34b) $$kS_2(Q_i) = -\lambda_2 n_2 \hat{\tau}_i + [-\lambda_1 p_{12}^1 - \lambda_2 p_{22}^1]\, S_1(\hat{\tau}_i) + + [r(k-1) - \lambda_1 p_{12}^2 - \lambda_2 p_{22}^2]\, S_2(\hat{\tau}_i)$$

Bezüglich der weiteren Vorgangsweise stellen wir die Verfahren von Rao (A) und Bose & Shimamoto (B) dar:

Methode A:

Wir eliminieren in (3.33) und (3.34a) die von $S_2(\hat{\tau}_i)$ abhängigen Summanden, indem wir die Identität

$$\sum_{j=1}^{v} \hat{\tau}_j = \hat{\tau}_i + S_1(\hat{\tau}_i) + S_2(\hat{\tau}_i) \equiv 0$$

benützen. Dann ist:

$$kQ_i = kQ_i + \lambda_2 \sum_i \hat{\tau}_i$$

$$kS_1(Q_i) = kS_1(Q_i) + (\lambda_1 p_{11}^2 + \lambda_2 p_{12}^2) \sum_i \hat{\tau}_i$$

Mit

(3.35a) $$A_{12} = r(k-1) + \lambda_2 \quad ; \qquad B_{12} = \lambda_2 - \lambda_1$$

erhalten wir

(3.36) $$kQ_i = A_{12}\hat{\tau}_i + B_{12}\ S_1(\hat{\tau}_i)$$

Mit

(3.35b) $$A_{22} = (\lambda_2-\lambda_1)\ p^2_{12}, \qquad B_{22} = r(k-1) + \lambda_2 + (\lambda_2-\lambda_1)\ (p^1_{11}-p^2_{11})$$

erhalten wir unter Berücksichtigung von (3.1d) ferner:

(3.37) $$kS_1(Q_i) = A_{22}\ \hat{\tau}_i + B_{22}\ S_1(\hat{\tau}_i).$$

Mit

(3.35c) $$\Delta_r = A_{12}\ B_{22} - A_{22}\ B_{12}$$

erhält man schließlich aus (3.36) und (3.37):

(3.38) $$\hat{\tau}_i = \frac{k\cdot}{\Delta_r}\ [B_{22}Q_i - B_{12}S_1\ (Q_i)]$$

Die Lösungsmatrix $\mathbf{D}$ des Normalgleichungssystems $\hat{\boldsymbol{\tau}} = \mathbf{D}\mathbf{Q}$ hat somit die Elemente

$$d_{ii} = \frac{kB_{22}}{\Delta_r}$$

(3.39) $$d_{ih} = -\frac{kB_{12}}{\Delta_r} \quad \text{(soferne (i,h) 1. Assoziierte sind)}$$

$$d_{ih} = 0 \quad \text{(soferne (i,h) 2. Assoziierte sind)}$$

Damit gilt für die Varianz der LS-Schätzer von Elementarkontrasten:

$$\text{(3.40)}\quad \begin{aligned} \mathrm{Var}\,(\hat{\tau}_i-\hat{\tau}_h) &= \frac{2k(B_{12}+B_{22})}{\Delta_r}\,\sigma_e^2 =: V_1 \text{ (für 1. Assoziierte)} \\ \mathrm{Var}\,(\hat{\tau}_i-\hat{\tau}_h) &= \frac{2kB_{22}}{\Delta_r}\,\sigma_e^2 =: V_2 \text{ (für 2. Assoziierte)} \end{aligned}$$

Die durchschnittliche Varianz $\bar{V}$ der LS-Schätzer von Elementarkontrasten ist dann:

$$\text{(3.41)}\quad \bar{V} = \frac{n_1V_1+n_2V_2}{v-1} = \frac{2k}{(v-1)\Delta_r}\,[n_1B_{12} + (v-1)B_{22}]\,\sigma_e^2$$

Für den Effizienzfaktor erhalten wir schließlich

$$\text{(3.42)}\quad E = \frac{(v-1)\Delta_r}{rk\,[(v-1)B_{22}+n_1B_{12}]}$$

Methode B:

Mit $\mathbf{A} = (a_{ij})_{i=1,2}^{j=1,2} = \begin{pmatrix} r(k-1)-\lambda_1p_{11}^1-\lambda_2p_{12}^1, & -\lambda_1p_{11}^2-\lambda_2p_{12}^2 \\ -\lambda_1p_{12}^1-\lambda_2p_{22}^1 & , \; r(k-1)-\lambda_1p_{12}^2-\lambda_2p_{22}^2 \end{pmatrix}$

schreiben wir das durch (3.34) gegebene Gleichungssystem folgendermaßen:

$$\text{(3.43)}\quad \begin{aligned} kS_1(Q_i) &= -\lambda_1n_1\hat{\tau}_i+a_{11}S_1(\hat{\tau}_i) + a_{12}\,S_2(\hat{\tau}_i) \\ kS_2(Q_i) &= -\lambda_2n_2\hat{\tau}_i+a_{21}S_1(\hat{\tau}_i) + a_{22}\,S_2(\hat{\tau}_i) \end{aligned}$$

Die lineare Funktion

(3.44) $$L_i := k^2 Q_i + c_1 k S_1 (Q_i) + c_2 k S_2 (Q_i)$$

kann unter Berücksichtigung von (3.33) und (3.34) folgendermaßen dargestellt werden:

$$L_i = rk\,(k-1)\,\hat{\tau}_i - (c_1\lambda_1 n_1 + c_2\lambda_2 n_2)\,\hat{\tau}_i +$$

$$+ (a_{11}c_1 + a_{21}c_2 - \lambda_1 k)\, S_1 (\hat{\tau}_i) +$$

$$+ (a_{12}c_1 + a_{22}c_2 - \lambda_2 k)\, S_2 (\hat{\tau}_i).$$

Wenn nun gelten soll:

$$L_i = rk\,(k-1)\hat{\tau}_i$$

dann müssen wegen

$$\sum_{j=1}^{v} \hat{\tau}_i = \hat{\tau}_i + S_1 (\hat{\tau}_i) + S_2 (\hat{\tau}_i) \equiv 0$$

die Konstanten c_1, c_2 so gewählt werden, daß gilt:

$$- c_1\lambda_1 n_1 - c_2\lambda_2 n_2 = a_{11}c_1 + a_{21}c_2 - \lambda_1 k = a_{12}c_1 + a_{22}c_2 - \lambda_2 k$$

Daraus erhält man:

$$(a_{11} + \lambda_1 n_1)\, c_1 + (a_{21} + \lambda_2 n_2)\, c_2 = \lambda_1 k$$

$$(a_{12} + \lambda_1 n_1)\, c_1 + (a_{22} + \lambda_2 n_2)\, c_2 = \lambda_2 k$$

Mittels Cramer'scher Regel erhalten wir:

(3.45a) $$c_1 = \frac{\lambda_1 k(a_{22}+\lambda_2 n_2)-\lambda_2 k(a_{21}+\lambda_2 n_2)}{(a_{11}+\lambda_1 n_1)(a_{22}+\lambda_2 n_2)-(a_{12}+\lambda_1 n_1)(a_{21}+\lambda_2 n_2)} =: \frac{\Delta_1}{k^2\Delta_b}$$

(3.45b) $$c_2 = \frac{\lambda_2 k(a_{11}+\lambda_1 n_1)-\lambda_1 k(a_{12}+\lambda_1 n_1)}{(a_{11}+\lambda_1 n_1)(a_{22}+\lambda_2 n_2)-(a_{12}+\lambda_1 n_1)(a_{21}+\lambda_2 n_2)} =: \frac{\Delta_2}{k^2\Delta_b}$$

Unter Verwendung von (3.1d) sowie durch Einsetzen für $a_{ij}(i,j=1,2)$ erhält man schließlich:

(3.46a) $$k^2\Delta_b = (rk-r+\lambda_1)(rk-r+\lambda_2)+(\lambda_1-\lambda_2)[(rk-r)(p_{12}^1-p_{12}^2) +\lambda_2 p_{12}^1-\lambda_1 p_{12}^2]$$

(3.46b) $$k\Delta_b c_1 = \lambda_1(rk-r+\lambda_2) + (\lambda_1-\lambda_2)(\lambda_2 p_{12}^1-\lambda_1 p_{12}^2)$$

(3.46c) $$k\Delta_b c_2 = \lambda_2 (rk-r+\lambda_1) + (\lambda_1-\lambda_2) (\lambda_2 p_{12}^1-\lambda_1 p_{12}^2)$$

Mit den so definierten Größen c_1, c_2 erhalten wir schließlich aus (3.44):

(3.47) $$\frac{L_i}{k} = kQ_i + c_1 S_1 (Q_i) + c_2 S_2 (Q_i) = r (k-1) \hat{\tau}_i \qquad (i=1,\dots,v)$$

Mit Hilfe der Identität

$$\sum_{j=1}^{v} Q_j = Q_i + S_1(Q_i) + S_2 (Q_i) \equiv 0 \Leftrightarrow S_2 (Q_i) = - Q_i - S_1 (Q_i)$$

erhalten wir somit folgende Lösung für die LS-Schätzer der Haupteffekte:

(3.48) $$\hat{\tau}_i = \frac{k-c_2}{r(k-1)} Q_i + \frac{c_1-c_2}{r(k-1)} S_1 (Q_i)$$

Die Lösungsmatrix $\mathbf{D}$ des Normalgleichungssystems $\hat{\tau} = \mathbf{D}\mathbf{Q}$ hat somit die Elemente:

(3.49)
$$d_{ii} = \frac{k-c_2}{r(k-1)}$$
$$d_{ih} = \frac{c_1-c_2}{r(k-1)} \quad \text{(soferne (i,h) 1. Assoziierte sind)}$$
$$d_{ih} = 0 \quad \text{(soferne (i,h) 2. Assoziierte sind)}$$

Damit gilt für die Varianz der LS-Schätzer von Elementarkontrasten:

(3.50)
$$V_j = \frac{2(k-c_j)\sigma_e^2}{r(k-1)} \quad \text{(für j-te Assoziierte; j=1,2)}$$

Die durchschnittliche Varianz $\bar{V}$ der LS-Schätzer von Elementarkontrasten ist dann:

(3.51)
$$\bar{V} = \frac{2\,\sigma_e^2}{r(k-1)} \cdot \frac{[n_1(k-c_1)+n_2(k-c_2)]}{v-1}$$

Für den Effizienzfaktor erhalten wir schließlich:

(3.52)
$$E = \frac{(k-1)(v-1)}{n_1(k-c_1)+n_2(k-c_2)}$$

Für Tests bezüglich der Elementarkontraste hat man die t-Statistik:

(3.53)
$$t = \frac{(\hat{\tau}_i-\hat{\tau}_j)\sqrt{r(k-1)}}{s_E\sqrt{2(k-c_j)}} ,$$

wobei s_E^2 wieder das Durchschnittsquadrat des Fehlers aus Tab.1, basierend auf N-b-v+1 Freiheitsgraden ist.

3.4. Vergleich von PBIB(2)-Plänen

In aller Regel wird man - soferne es mehrere mögliche PBIB(2)-Pläne für eine gegebene Parameterkombination (v,k,r,b) gibt - den Plan mit der kleinsten durchschnittlichen Varianz der Schätzer der Elementarkontraste bzw. mit dem größten Effizienzfaktor wählen. Folgende Gegenüberstellung gibt Aufschluß darüber, für welche Werte von v ($4 \leq v \leq 16$) Pläne eines bestimmten Typs überhaupt bekannt sind

Typ \ v	4	5	6	7	8	9	10	11	12	13	14	15	16
T	x		x		x	x	x		x		x	x	x
D							x					x	
L						x							x
Z		x								x			

Wir entnehmen dem:

- für v = 7,11 gibt es keine PBIB(2)-Pläne des Typs (a) - (d) (auch kein "sonstiger PBIB(2)-Plan" (Typ e) ist bekannt)
- Dreiecks-, Quadrat- und zyklische Pläne können in keinem Fall miteinander verglichen werden, da für gegebenes v niemals ein Paar von Plänen verschiedenen Typs existiert.
- für v = 10, 15 können allenfalls teilbare und Dreieckspläne verglichen werden, für v = 9,16 nur teilbare und Quadratpläne.

Zu folgenden Parameterkombinationen (v,r,b,k = 3) seien illustrativ einige bekannte Pläne gegenübergestellt:

v	r	b	Plannr. nach Tab.2/Anh.(mit Effizienzfaktor)					
10	6	20	R 69 (.70)	T 8 (.70)	T 10 (.73)			
15	6	30	R 81 (.71)	T 15 (.66)				
15	8	40	R 82 (.71)	T 13 (.67)				
15	9	45	R 83 (.71)	R 84 (.70)	T 17 (.66)			
15	10	50	R 85 (.68)	SR 27 (.70)	T 16 (.71)			
9	6	18	R 60 (.71)	SR 22 (.73)	LS 8 (.67)	LS 11 (.74)		
9	8	24	R 63 (.66)	LS 9 (.67)	LS 12 (.73)			
9	10	30	R 66 (.60)	R 67 (.74)	R 68 (.74)	LS 10 (.67)	LS 13 (.75)	LS 14 (.72)
16	6	32	R 86 (.70)	LS 15 (.63)	LS 18 (.63)	P 10 (.63)		
16	9	48	R 87 (.71)	LS 16 (.68)	LS 19 (.68)	LS 20 (.63)	P 11 (.63)	P 12 (.68)

Somit sind für gleiche Werte (v,k,r,b) weder teilbare Pläne den Plänen eines anderen Typs - soferne es sie überhaupt gibt - grundsätzlich "überlegen", noch gilt die Umkehrung.

PBIB(2)-Pläne des Typs (a) - (d) erschöpfen natürlich nicht die Menge aller möglichen PBIB(2)-Pläne (wenngleich wir auch nur sehr wenige andere PBIB(2)-Pläne kennen), sodaß in aller Regel die Frage offen bleibt, ob es zu einer gegebenen Parameterkombination nicht noch einen effizienteren Plan als den effizientesten bekannten Plan gibt. Für gewisse teilbare PBIB(2)-Pläne kann indes behauptet werden, daß sie die effizientesten binären unvollständigen Blockpläne mit Parametern (v,k,r,b) schlechthin sind, soferne kein BIB-Plan existiert (für den ja stets $E = E_{max}$ gilt): Conniffe & Stoane (1974) zeigten, daß der Ausdruck

(3.54) $$V_u := 2\sigma_e^2 \left[\frac{v-2}{A-\sqrt{\frac{v-1}{v-2}}\,P} + \frac{1}{A+\sqrt{(v-1)(v-2)}\,P}\right]$$

mit $A := vr(k-1)/k$

$$P := \frac{1}{k}\left[\sum_{i \neq} \sum_{j} (\lambda_{ij}-\bar{\lambda})^2\right]^{\frac{1}{2}} \quad ; \quad \bar{\lambda} = \frac{1}{v(v-1)} \sum_{i \neq} \sum_{j} \lambda_{ij}$$

eine untere Schranke für die durchschnittliche Varianz des Schätzers eines Elementarkontrastes ist, die bei keinem Versuchsplan mit Parametern $r_i = r$, $k_j = k$ unterschritten werden kann. (Eine Verallgemeinerung auf beliebige Blockpläne wird bei Jarrett (1977) gegeben).

Somit ist auch

(3.55) $$E_o := \frac{2\sigma_e^2}{rV_u}$$

eine obere Schranke für den Effizienzfaktor eines solchen unvollständigen Blockplans.

Wegen $dV_u/dP>0$ nimmt V_u seinerseits dann ein Minimum an, wenn P für gegebene Werte v,r,k ein Minimum annimmt.

Nun ist

$$P^2 = \frac{1}{k^2} \sum_{i} \sum_{\neq j} (\lambda_{ij} - \bar{\lambda})^2 = \frac{1}{k^2} \sum_{i} [\sum_{j \neq i} \lambda^2_{ij} - (v-1)\bar{\lambda}^2]$$

für den Fall, daß nicht alle λ_{ij} gleich sein können - also kein BIB-Plan existiert - dann minimal, wenn die Interblockmatrix **NN'** - abgesehen von der Diagonale- nur zwei verschiedene Elemente λ_1, λ_2 enthält,die sich "möglichst wenig" unterscheiden (also: $\lambda_1 = \alpha$; $\lambda_2 = \alpha \pm 1$). Enthält nun jede Zeile von **NN'** die Zahlen α (bzw. $\alpha \pm 1$) gerade l_1 (bzw. l_2) mal [mit $l_1 + l_2 = v-1$; $l_1\alpha + l_2(\alpha \pm 1) = r(k-1)$ gemäß (3.1b), (3.1c)], dann gilt:

$$P^2_{min} = \frac{1}{k^2} \sum_{i} [l_1\alpha^2 + l_2(\alpha \pm 1)^2 - (v-1)\bar{\lambda}^2] = \frac{v}{k^2} [l_1\alpha^2 + l_2(\alpha \pm 1)^2 - (v-1)\bar{\lambda}^2]$$

mit

$$\bar{\lambda} = \frac{l_1\alpha + l_2(\alpha \pm 1)}{v-1} \qquad (\Rightarrow (v-1)\bar{\lambda}^2 = \frac{[l_1\alpha + l_2(\alpha \pm 1)]^2}{v-1})$$

$$(v-1)^2 \bar{\lambda}^2 = l_1^2\alpha^2 + l_2^2(\alpha \pm 1)^2 + l_1 l_2(\alpha \pm 1)^2 + l_1 l_2 \alpha^2 - l_1 l_2$$

$$= (l_1 + l_2) [l_1\alpha^2 + l_2(\alpha \pm 1)^2] - l_1 l_2 \quad \Rightarrow$$

$$\Rightarrow (v-1)\bar{\lambda}^2 = l_1\alpha^2 + l_2(\alpha \pm 1)^2 - \frac{l_1 l_2}{v-1}$$

somit:

(3.56) $$P^2_{min} = \frac{v l_1 l_2}{k^2(v-1)} \quad ; \qquad P_{min} = +\sqrt{P^2_{min}}$$

Wir bemerken an dieser Stelle, daß für den Fall der Existenz eines BIB-Plans stets $P = 0$ und damit auch

$$V_u = 2\sigma_e^2 \frac{(v-1)k}{vr(k-1)} = 2\sigma_e^2 \cdot \frac{k}{\lambda v} = \bar{V}_{BIB}$$

gilt. Für "Nicht-BIB-Pläne" ist indes generell nicht damit zu rechnen, daß $\bar{V} = V_u$ gilt; wählt man jedoch speziell einen teilbaren Plan mit $m = 2$ Gruppen à n Verfahren und $(\lambda_1, \lambda_2) = (\alpha, \alpha+1)$, dann gilt nach (3.21):

(3.57a) $$\bar{V} = \frac{2\sigma_e^2}{rE} = \frac{2k\sigma_e^2}{v} \cdot \frac{(v-1)(\alpha+1) - 0,5}{(v-1)(\alpha+1)(\alpha+0,5)}$$

Mit $\alpha = \frac{r(k-1)}{v-1} - \frac{v}{2(v-1)}$ erhält man dafür

(3.57b) $$\bar{V} = \frac{4k\sigma_e^2}{v} \frac{[2r(k-1)+v-3](v-1)}{[2r(k-1)-1][2r(k-1)+v-2]}$$

Andererseits erhält man mit $l_1 = \frac{v}{2} - 1$, $l_2 = \frac{v}{2}$ für (3.56):

(3.58) $$P_{min} = \frac{v}{2k} \cdot \sqrt{\frac{v-2}{v-1}}$$

und damit eingesetzt in (3.54):

$$V_u = \bar{V}$$

Soferne es also einen teilbaren Plan mit Parametern (v,r,k) auf der Basis des eben beschriebenen Assoziationsschemas gibt, ist er der effizienteste unter allen binären unvollständigen Blockplänen mit $r_i = r$ und $k_j = k$.

Folgende Übersicht enthält solche Pläne für $v \leq 16$:

Plannr. nach Tab2/Anh.	SR1	R3	R10	SR6	SR28	R24	R52	R58	SR9	SR31	SR11	SR13	SR51	SR14	SR15
v	4	4	4	6	6	6	6	8	8	8	10	12	12	14	16
r	2	5	8	3	6	8	9	9	4	6	5	6	10	7	8
k	2	2	2	2	4	2	3	3	2	4	2	2	6	2	2
b	4	10	16	9	9	24	18	24	16	12	25	36	20	49	64
E	.60	.65	.66	.56	.90	.59	.80	.76	.54	.85	.53	.52	.91	.52	.52

4. PBIB(m>2)-PLÄNE UND ALLGEMEINE ZYKLISCHE PLÄNE

Der Untersuchung von PBIB(m>2)-Plänen wird in der Literatur im Vergleich zu den PBIB(2)-Plänen relativ wenig Platz eingeräumt, dies vielleicht nicht zuletzt deshalb, weil die Konstruktion von konkreten Plänen auf der Basis von entsprechenden Assoziationsschematas in aller Regel nur für einige wenige Fälle gelingt und der Anwendbarkeit somit enge Grenzen gesetzt sind.

Zelen (1954) zeigt, daß man aus einem PBIB(m)-Plan mit Parametern $v^*, b^*, r^*, k^*, \lambda_i^* \neq r^*, n_i^*, p_{ij}^{*k}$ (i,j,k=1,..,m) stets einen PBIB(m+1)-Plan dadurch (auf konstruktive Weise) erhält, daß man jedes Verfahren durch n (verschiedene) Verfahren ersetzt. Dieser neue PBIB(m+1)-Plan hat dann die Parameter

$$v = nv^* \ , \quad b = b^* \ , \quad k = nk^* \ , \quad r = r^*$$

$$(4.1) \qquad \lambda_i = \begin{cases} \lambda_i^* \ \dots \ i = 1,\dots,m \\ r^* \dots \ i = m+1 \end{cases}$$

$$n_i = \begin{cases} nn_i^* \ \dots \ i = 1,\dots,m \\ n-1 \ \dots \ i = m+1 \end{cases}$$

Aus bekannten PBIB(2)-Plänen kann man somit immer PBIB(3)-Pläne mit entsprechenden Parametern angeben.

Sinha (1977) verallgemeinert diesen Ansatz und zeigt:
Wenn man in einem PBIB(q)-Plan mit Parametern

$$v^* = \binom{n}{q},\ b^*,\ r^*,\ k^*,\ \lambda_i^*,\ p_{jk}^{*i}\ ;\ i,j,k=1,..,q$$

jedes Verfahren in geeigneter Weise durch $N_1 \cdot N_2 \ldots, N_{m-q}$ Verfahren ersetzt, dann erhält man einen PBIB(m)-Plan mit Parametern

(4.2)
$$v = N_1.N_2. \ldots N_{m-q}v^*;\quad b = b^*,\quad r = r^*,\quad k = N_1.N_2. \quad \ldots N_{m-q}k^*$$

$$\lambda_i = \begin{cases} \lambda_i^* \ \ldots.\ i = 1,\ldots,q \\ r^* \ \ldots\ i = q+1,\ldots,m \end{cases}$$

Man sieht, daß dieses Verfahren (leider) nur zur Angabe von Plänen mit großen Werten von v und k führt.

Vartak (1959) behandelt ein "rechteckiges Assoziationsschema" für PBIB(3)-Pläne: v = mn Verfahren seien in einem (mxn)-Feld angeführt; für jedes Verfahren i sind dann die restlichen n-1 Verfahren der gleichen Zeile, die auch i enthält, erste Assoziierte, die restlichen m-1 Verfahren der gleichen Spalte zweite Assoziierte und die restlichen (m-1)(n-1) Verfahren dritte Assoziierte. Man überlegt sich leicht die Gestalt der $\mathbf{P}$-Matrizen; so etwa ist

$$\mathbf{P}_1 = (p_{jk}^1) = \begin{pmatrix} n-2 & 0 & 0 \\ 0 & 0 & m-1 \\ 0 & m-1 & (m-1)(n-2) \end{pmatrix}.$$

Assoziationsschematas für PBIB(4)-Pläne werden bei Tharthare (1963, 1965) behandelt; andere Assoziationsschemata für m≥3 Klassen erhält man durch Verallgemeinerungen des teilbaren Schemas für zwei assoziierte Klassen (Roy (1953, 1954), Raghavarao (1960, 1971)) bzw. des Dreiecksschemas für zwei assoziierte Klassen (John,P.W.M. (1966, 1971)).

Für die Lösung der Normalgleichungen haben wir generell das Ergebnis (1.30); Rao (1947) verallgemeinert Methode A aus Abschn. (3.3) für den Fall $m = 3$, Nair (1952) stellt eine spezielle Lösung für $m = 4$ vor.

Die Behandlung allgemeiner zyklischer Pläne geht schon auf Bose & Nair (1939) zurück, die bereits darauf hinwiesen, daß die zyklische Entwicklung eines entsprechend gewählten Anfangsblocks eine der Möglichkeiten zur Konstruktion von Plänen mit einem hohen Grad an Ausgewogenheit darstellt; viele bekannte BIB- und PBIB(2)-Pläne beruhen auf diesem Prinzip. (Allgemeine) zyklische Pläne sind unvollständige Blockpläne, bestehend aus b Blöcken der Größe k, die durch zyklische Entwicklung eines Anfangsblocks gewonnen werden: entsprechend den Ausführungen über zyklische PBIB(2)-Pläne in Abschn. (3.2d) bezeichnen wir die v Verfahren mit 0, 1, 2, ..., v-1. Jedes Verfahren soll wie bisher r-mal wiederholt werden, wobei ein bestimmtes Verfahren nicht öfter als einmal pro Block vertreten sein darf (binär). "Zyklische Entwicklung eines Anfangsblocks" heißt, daß man die im i-ten Block ($i \geq 2$) vertretenen Verfahren aus den im (i-1)-ten Block vertretenen Verfahren dadurch gewinnt, daß man zu den Verfahren in Block (i-1) jeweils 1 (modulo v reduziert) addiert. Besteht also ein Anfangsblock etwa aus den Verfahren (h,i,j,...), so sind im zweiten Block gerade die Verfahren (h+1,i+1,j+1,...) vertreten. Bildet man alle möglichen $b^* = \binom{v}{k}$ Blöcke der Größe k, so wird jedes Verfahren gerade $r^* = \binom{v-1}{k-1}$-mal wiederholt und jedes Paar von Verfahren kommt zusammen im gleichen Block gerade $\lambda^* = \binom{v-2}{k-2}$-mal vor: es liegt dann ein nicht reduzierter BIB-Plan im Sinne von (2.5) vor.

Betrachten wir zur Illustration folgendes Beispiel: für $v = 7$ Verfahren in Blöcken der Größe $k = 3$ gibt es $\binom{7}{3} = 35$ verschiedene Blöcke

{012} :	012	123	234	345	456	560	601
{013} :	013	124	235	346	450	561	602
{014} :	014	125	236	340	451	562	603
{015} :	015	126	230	341	452	563	604
{024} :	024	135	246	350	461	502	613

Aus jedem Block können die anderen Blöcke einer Zeile durch zyklische Entwicklung gewonnen werden; man nennt jede Zeile einen "zyklischen Satz".

Wir erkennen an diesem Beispiel, daß man stets einen zyklischen Plan mit Parametern v, k, $r = ik$ $(i \geq 1)$ angeben kann. Haben v und k zudem einen (oder mehrere) gemeinsame Teiler d, dann gibt es (vgl. etwa John, Wollock & David (1972)) zu jedem d einen "teilweisen zyklischen Satz", für den die zyklische Entwicklung eines Anfangsblocks einen Plan mit $r = k/d$ Wiederholungen pro Verfahren ergibt.

Wir betrachten dazu folgendes Beispiel für $(v,k) = (6,3)$ $(\Rightarrow d=3)$: die $\binom{6}{3} = 20$ verschiedenen Blöcke können in drei zyklische Sätze à 6 Blöcke und einen teilweisen zyklischen Satz à 2 Blöcke unterteilt werden:

zyklischer Satz	I	II	III	IV	V	VI
A : {012}	012	123	234	345	450	501
B : {013}	013	124	235	340	451	502
C : {014}	014	125	230	341	452	503
D : {024}	024	135				

Die Anzahl der verschiedenen Blöcke in einem teilweisen zyklischen Satz ist stets $m: = v/d$. Ein Anfangsblock muß daher stets die gleichen k Verfahren aufweisen wie der sich bei zyklischer Entwicklung ergebende (m+1)-te Block. Daraus folgt, daß ein Anfangsblock, der ein Verfahren i enthält, auch die Verfahren $i+m$, $i+2m, \ldots, i+(d-1)m$ enthalten muß.

Die Gesamtanzahl der verschiedenen zyklischen Sätze ist nach Jablonsky (zitiert bei David & Wollock (1965)) gegeben durch

(4.3) $$N(k, v-k) := \frac{1}{v} \Sigma \phi(d) \frac{(v/d)!}{(k/d)![(v-k)/d]!}$$

Die Summation erstreckt sich dabei über alle jene natürlichen Zahlen $d \geq 1$, die sowohl k als auch v-k teilen; $\phi(x)$ ist die "Euler'sche Funktion", i.e. die Anzahl der natürlichen Zahlen, die kleiner als und relativ prim zu x sind (zusätzlich ist $\phi(1):=1$).

$N(k,v-k)$ ist bei David (1965) für $v \leq 15$ tabelliert. So etwa ist für $(v,k) = (6,3)$ ($\Rightarrow$ d=1,3):

$$N(3,3) = \frac{1}{6} \left(1 \cdot \frac{6!}{3!3!} + 2 \cdot \frac{2!}{1!1!}\right) = 4$$

Teilweise zyklische Sätze gestatten somit die Angabe von zyklischen Plänen mit $b<v$, was sich vor allem bei großen Werten von v als aus-

gesprochen nützlich erweist. Die Kombination von zyklischen und teilweise zyklischen Sätzen gestattet zudem die Angabe von vielen weiteren zyklischen Plänen. So etwa erhält man durch Kombination von A und D im vorigen Beispiel einen Plan mit $(v,r,k,b) = (6,4,3,8)$, durch Kombination von A,B und D einen Plan mit $(v,r,k,b) = (6,7,3,14)$.

Man sieht nun unmittelbar, daß jeder zyklische Satz einen PBIB-Plan mit $b = v$ und $r = k$ bildet. Sind zudem Verfahren i und $(j+i)$ α-te Assoziierte, dann sind auch i und $(v-j+i)$ α-te Assoziierte; die Anzahl m der assoziierten Klassenist somit höchstens $(v-1)/2$ für ungerades v resp. $v/2$ für gerades v. Die Interblockmatrix $\mathbf{NN}'$ eines allgemeinen zyklischen Blockplans ist somit eine (symmetrische) zyklische Matrix, deren allgemeines Element $a_{ij} = (\mathbf{NN}')_{ij}$ nur von $|i-j|$ abhängt und für die zusätzlich $a_l = a_{v-l}$ $(l=1,2,\ldots,v-1)$ gilt. Sie hat somit die Gestalt:

$$(4.4) \qquad \mathbf{NN}' = \begin{pmatrix} a_0 & a_1 & a_2 \ldots\ldots & a_{v-2} & a_{v-1} \\ a_{v-1} & a_0 & a_1 \ldots\ldots & a_{v-3} & a_{v-2} \\ \vdots & & & & \\ a_1 & a_2 & a_3 \ldots\ldots & a_{v-1} & a_0 \end{pmatrix}$$

Wir überlegen uns an dieser Stelle, daß die Inverse einer zyklischen Matrix - soferne sie existiert - ebenfalls eine zyklische Matrix ist: Ähnlich wie im Beweis von (2.18) nehmen wir nun an, daß $(\mathbf{NN}')^{-1}$ zyklisch ist; die erste Spalte $(x_0,x_1\ldots,x_{v-1})'$ von $(\mathbf{NN}')^{-1}$ erhalten wir dann aus:

$$\begin{pmatrix} a_0 & a_1 & \cdots & a_{v-2} & a_{v-1} \\ a_{v-1} & a_0 & \cdots & a_{v-3} & a_{v-2} \\ \vdots & & & \vdots & \vdots \\ a_1 & a_2 & \cdots & a_{v-1} & a_0 \end{pmatrix} \begin{pmatrix} x_0 \\ x_1 \\ \vdots \\ x_{v-1} \end{pmatrix} = \begin{pmatrix} 1 \\ 0 \\ \vdots \\ 0 \end{pmatrix}$$

Sodann entsprechenddie zweite Spalte aus

$$\begin{pmatrix} a_0 & a_1 & \cdots & a_{v-2} & a_{v-1} \\ a_{v-1} & a_0 & \cdots & a_{v-3} & a_{v-2} \\ \vdots & & & \vdots & \vdots \\ a_1 & a_2 & \cdots & a_{v-1} & a_0 \end{pmatrix} \begin{pmatrix} x_{v-1} \\ x_0 \\ x_1 \\ \vdots \\ x_{v-2} \end{pmatrix} = \begin{pmatrix} 0 \\ 1 \\ 0 \\ \vdots \\ 0 \end{pmatrix}$$

Man sieht unmittelbar, daß die beiden Gleichungssysteme äquivalent sind. Gleiches gilt für alle weiteren Spalten von $(\mathbf{NN}')^{-1}$. $(\mathbf{NN}')^{-1}$ soferne ex. - ist somit eine zyklische Matrix mit der ersten Spalte(le) $\mathfrak{X}_1' = (x_0, x_1, \ldots, x_{v-1})'$.

Eine Lösung für die Intrablockgleichungen $\mathfrak{Q} = \mathfrak{C}\hat{\mathfrak{t}}$ ist dann nach (1.30a) gegeben durch

(4.5a) $$\hat{\mathfrak{t}} = (r\mathbf{I}_v - \tfrac{1}{k}\mathrm{NN}' + a\mathfrak{J}_{vv})^{-1}\mathfrak{Q}$$

bzw. nach (1.30b) auch durch

(4.5b) $$\hat{\mathfrak{t}} = [(r\mathbf{I}_v - \tfrac{1}{k}\mathrm{NN}' + a\mathfrak{J}_{vv})^{-1} + a'\mathfrak{J}_{vv}]\mathfrak{Q} =: \mathfrak{C}^*\mathfrak{Q}$$

Da mit $\mathbf{NN'}$ auch $(r\mathbf{I}_v - \frac{1}{k}\mathbf{NN'} + a\,\mathbf{J}_{vv})$ eine zyklische Matrix ist und auf Grund der vorangegangenen Überlegung die Inverse einer zyklischen Matrix ebenfalls von zyklischer Bauart ist, ist auch $\mathbf{C}^*$ eine zyklische Matrix, deren Elemente wir mit $c^0,..,c^{v-1}$ bezeichnen wollen.

Somit gilt für die Varianz des Schätzers eines Elementarkontrasts:

(4.6) $$\mathrm{Var}\,(\hat{\tau}_i - \hat{\tau}_j) = 2\,(c^0 - c^{|i-j|})\sigma_e^2$$

Um die durchschnittliche Varianz $\bar{V}$ des Schätzers eines Elementarkontrasts bzw. den Effizienzfaktor $E = (2\sigma_e^2/r)/\bar{V}$ angeben zu können, zeigen wir vorweg folgendes:

(4.7) Hat eine nicht singuläre Matrix $\mathbf{M}$ lauter gleiche Zeilensummen c $(c \neq 0)$, dann hat $\mathbf{M}^{-1}$ (ebenfalls) konstante Zeilensummen $1/c$.

Beweis:

$\mathbf{M}\mathbf{1} = c\,\mathbf{1}$ $\Rightarrow$ c ist Eigenwert von $\mathbf{M}$ mit zugehörigem Eigenvektor $\mathbf{1}$. Ist nun λ_j ein Eigenwert von $\mathbf{M}$ mit zugehörigem Eigenvektor $\mathbf{X}_j$, dann ist $1/\lambda_j$ ein Eigenwert von $\mathbf{M}^{-1}$ mit gleichem Eigenvektor $\mathbf{X}_j$: somit ist $1/c$ ein Eigenwert von $\mathbf{M}^{-1}$ mit zugehörigem Eigenvektor $\mathbf{1}$ und es gilt: $\mathbf{M}^{-1}\mathbf{1} = 1/c\,\mathbf{1}$

Wählen wir nun in (4.5b) $a = 1$ und $a' = -1/v^2$, dann hat die Matrix $(r\mathbf{I}_v - \frac{1}{k}\mathbf{NN'} + a\,\mathbf{J}_{vv})$ konstante Zeilensummen von $va = v$ (da $(r\mathbf{I}_v - \frac{1}{k}\mathbf{NN'})$ konstante Zeilensummen von Null hat) und die Inverse dieser Matrix hat konstante Zeilensummen von $1/v$; $\mathbf{C}^*$ hat dann konstante Zeilensummen von Null.

Dann ist

(4.8) $$\bar{V} = \frac{2\sigma_e^2}{\binom{v}{2}} \sum_{i=1}^{v} \sum_{j>i} \mathrm{Var}\,(\hat{\tau}_i - \hat{\tau}_j) =$$

$$= \frac{2\sigma_e^2}{\binom{v}{2}} \Big[\underbrace{\sum_{i=1}^{v} \sum_{j>i} c^0}_{\binom{v}{2}c^0} - \underbrace{\sum_{i=1}^{v} \sum_{j>i} c^{|i-j|}}_{\frac{v}{2}(0-c^0)} \Big] = \underline{\frac{2vc^0}{v-1}\sigma_e^2}$$

Und somit auch

(4.9) $$E = \frac{v-1}{rvc^0}$$

Zur Beurteilung der Effizienz eines zyklischen Versuchsplans ist somit die Kenntnis von c^0 hinreichend.

Tab. 3 (Anhang) enthält allgemeine zyklische Pläne für $v \leq 16$, $r \leq 10$; gibt es für bestimmte Parameterkombinationen (v,r,k,b) mehrere mögliche Pläne (was als Regelfall anzusehen ist), so ist nur jener mit dem größten Effizienzfaktor E angeführt. Suchen wir also etwa einen Plan für (v,r,k,b) = (7,4,4,7), so können die $\binom{7}{4}$ = 35 verschiedenen Blöcke durch die fünf zyklischen Sätze

A	B	C	D	E
(0123)	(0124)	(0125)	(0134)	(0135)

angegeben werden. Betrachten wir nun die jeweils ersten Zeilen von NN' eines Plans beruhend auf B bzw. C, so sehen wir, daß sie übereinstimmen:

B: (4 2 2 2 2 2 2)
C: (4 2 2 2 2 2 2)

Die durch Entwicklung von B (resp.C) gegebenen Pläne sind somit als äquivalent zu betrachten und liefern zudem einen BIB-Plan mit $E = E_{max} = \frac{vr-b}{r(v-1)} = 0{,}875$; einer dieser beiden Pläne wird somit in Tab. 3 (Anhang) aufgenommen.

Durch Vergleich der Tabellen 2, 3 (Anhang) kann abschließend festgestellt werden, daß - abgesehen von BIB-Plänen, die ja stets $E = E_{max}$ liefern- für gegebene Parameterkombination (v,r,k,b) ein zyklischer Plan mit mehr als zwei assoziierten Klassen effizienter sein kann als jeder andere existierende PBIB(2)-Plan. Zur Illustration betrachten wir drei spezielle Parameterkombinationen (v,k,r,b) = (9,3,r,b):

(v,k,r,b)	bekannte PBIB(2)-Pläne	E_2	eff.AZ-Plan Anfangsblöcke,{m}	$E_{AZ.max}$	Bemerkung
(9,3,3,9)	SR 21	0,7273	(013), {4}	0,7252	$E_2 > E_{AZ.max}$
(9,3,6,18)	R 60 SR 22 LS 8 LS 11	0,7143 0,7273 0,6667 0,7407	(013) (026) ,{4}	0,7473	$E_{2max} < E_{AZmax}$
(9,3,7,21)	R 61 R 62	0,6857 0,7453	(012) (026) (036) ,{3}	0,7445	$E_{2max} > E_{AZmax}$

5. INTERBLOCKANALYSE UND EFFIZIENZBETRACHTUNGEN BEZÜGLICH DER VARIANZ DER SCHÄTZER VON ELEMENTARKONTRASTEN

Die bisher behandelten Lösungen $\hat{\tau}_i$ des Normalgleichungssystems $\mathcal{Q} = C\hat{\boldsymbol{\tau}}$ heißen auch "Intrablocklösungen", weil sie im wesentlichen auf Unterschieden der Haupteffekte innerhalb der Blöcke beruhen. Wir unterstellten dabei ein Modell mit fixen Effekten, betrachteten also Haupt- und Blockeffekte als fixe, aber unbekannte Konstanten. Unterstellt man nun andererseits ein Modell, in dem die Blockeffekte Zufallsvariable sind, so können wir eine zweite Gruppe von Lösungen gewinnen, die im wesentlichen auf Unterschieden in den Blockmittelwerten beruhen, die sog. "Interblocklösungen $\tilde{\tau}_i$". Dabei betrachten wir - genauer formuliert - die Blockeffekte β_j als identisch verteilte, untereinander und von den Fehlergliedern stochastisch unabhängige Zufallsvariable mit Erwartungswert von Null und Varianz σ_β^2.

5.1. Das Interblockmodell

Wir betrachten einen allgemeinen unvollständigen Blockplan mit $k_j = k (j=1,\dots,b)$; neben den üblichen Annahmen über die Fehlerglieder e_{ij} gelten die eingangs erwähnten zusätzlichen Annahmen bezüglich der Blockeffekte.

Dann ist:

(5.1) $$B_j = k\mu + \sum_i n_{ij}\tau_i + (k\beta_j + \sum_i e_{ij}) \quad (j=1,\dots,b)$$

Wir definieren

(5.2) $$f_j := k\beta_j + \sum_i e_{ij}$$

und haben dann:

(5.3) $$E(f_j) = 0, \quad \mathrm{Var}\,(f_j) = k^2\,\sigma_\beta^2 + k\sigma_e^2 =: \sigma_f^2$$

Interblocklösungen $\tilde{\tau}_i$ erhalten wir durch Minimieren von

(5.4a) $$Q(\tilde{\mu}, \tilde{\boldsymbol{\tau}}) := \sum_j (B_j - k\tilde{\mu} - \sum_i n_{ij}\tilde{\tau}_i)^2$$

bzw. in Matrixschreibweise:

(5.4b) $$Q(\tilde{\mu}, \tilde{\boldsymbol{\tau}}) = (\mathbf{B} - k\tilde{\mu}\mathbf{1}_b - \mathbf{N}'\tilde{\boldsymbol{\tau}})'(\mathbf{B} - k\tilde{\mu}\mathbf{1}_b - \mathbf{N}'\tilde{\boldsymbol{\tau}})$$

Daraus erhalten wir die Normalgleichungen:

(5.5) $$\begin{pmatrix} G \\ \mathbf{NB} \end{pmatrix} = \begin{pmatrix} bk & \mathbf{1}'\mathbf{R} \\ k\mathbf{R1} & \mathbf{NN}' \end{pmatrix} \begin{pmatrix} \tilde{\mu} \\ \tilde{\boldsymbol{\tau}} \end{pmatrix}$$

Multipliziert man beide Seiten in (5.5) von links mit

$$\mathbf{F} = \begin{pmatrix} 1 & \mathbf{0}_v \\ -\frac{1}{b}\mathbf{R1}_v & \mathbf{I}_v \end{pmatrix}$$

so erhält man

(5.6) $$\begin{pmatrix} G \\ -\frac{G}{b}\mathbf{R1}_v + \mathbf{NB} \end{pmatrix} = \begin{pmatrix} bk & \mathbf{1}_v'\mathbf{R} \\ -\mathbf{R1}_v + \mathbf{R1}_v - \frac{1}{b}\mathbf{R1}_v\mathbf{1}_v'\mathbf{R} + \mathbf{NN}' \end{pmatrix} \cdot \begin{pmatrix} \tilde{\mu} \\ \tilde{\boldsymbol{\tau}} \end{pmatrix}$$

Wegen $\mathbf{R1}_v = \mathbf{N1}_b$ und $\mathbf{1}_v\mathbf{1}_v' = \mathbf{J}_{vv}$ hat man somit:

(5.7a)
$$\begin{pmatrix} G \\ N(B - \frac{G}{b}1_b) \end{pmatrix} = \begin{pmatrix} bk & 1'_v R \\ 0_v & NN' - \frac{1}{b} R J_{vv} R \end{pmatrix} \begin{pmatrix} \tilde{\mu} \\ \tilde{\tau} \end{pmatrix}$$

bzw.

(5.7b)
$$G = bk\tilde{\mu} + 1'_v R \tilde{\tau}$$
$$N(B - \frac{G}{b}1_b) = NN'\tilde{\tau} - \frac{1}{b} R J_{vv} R \tilde{\tau}$$

Mit der Nebenbedingung $1'_v R \tau = \sum_{i=1}^{v} r_i \tau_i = 0$ erhält man schließlich:

(5.7c)
$$G = bk\tilde{\mu} \Rightarrow \tilde{\mu} = \frac{G}{bk} = \hat{\mu}$$
$$N(B - \frac{G}{b}1_b) = NN'\tilde{\tau}$$

Ist somit ferner $r(N) = v$ (also die Interblockmatrix NN' von vollem Rang), dann ist weiters:

$$\tilde{\tau} = (NN')^{-1} N(B - \frac{G}{b}1_b) = (NN')^{-1} NB - (NN')^{-1} N 1_b \frac{G}{b}$$

Mit $1_b = \frac{1}{k} N' 1_v$ aus (1.4) hat man

$$\tilde{\tau} = (NN')^{-1} NB - (NN')^{-1}(NN') 1_v \frac{G}{bk}$$

und somit letztlich

(5.8)
$$\tilde{\tau} = (NN')^{-1} NB - \frac{G}{bk} 1_v$$

Mit den Ergebnissen aus Abschn. 1.3. folgt dann:

$$\mathrm{Cov}\,[N(B - \frac{G}{b}1_b)] = NN'\sigma_f^2 \quad \text{und}$$
$$\mathrm{Cov}\,(\tilde{\tau}) = \mathrm{Cov}\,[(NN')^{-1} N(B - \frac{G}{b}1_b)] = (NN')^{-1}\sigma_f^2$$

Damit ist nach Gauß-Markoff-Theorem

(5.9)
$$\hat{\psi} = \ell'\tilde{\tau} = \ell'(NN')^{-1} NB - \frac{G}{bk}\ell' 1_v = \ell'(NN')^{-1} NB$$

minimalvarianter, unverzerrter Schätzer für den Kontrast $\Psi = \ell'\tau$ mit

(5.10a) $$\mathrm{Var}\,(\tilde{\Psi}) = \boldsymbol{\ell}'(\mathbf{NN}')^{-1}\boldsymbol{\ell}\sigma_f^2$$

Mit $a^{ij} := \{(\mathbf{NN}')^{-1}\}_{ij}$ gilt insbesondere für elementare Kontraste $\tau_i - \tau_j$:

(5.10b) $$\mathrm{Var}\,(\tilde{\tau}_i - \tilde{\tau}_j) = (a^{ii} + a^{jj} - 2a^{ij})\sigma_f^2$$

Betrachten wir zur Illustration speziell einen BIB-Plan: für diesen fanden wir in Abschn. 2.1: $r\,(\mathbf{N}) = v$; $\mathbf{NN}' = (r-\lambda)\mathbf{I}_v + \lambda\mathbf{J}_{vv}$.

Durch Ausmultiplizieren sieht man sofort, daß gilt:

(5.11) $$(\mathbf{NN}')^{-1} = \frac{1}{r-\lambda}\mathbf{I}_v - \frac{\lambda}{(r-\lambda)rk}\mathbf{J}_{vv}$$

Sei $\mathbf{T}^* := \mathbf{NB}$, also $T_i^* = \{\mathbf{T}^*\}_i = \sum_j n_{ij}B_j$

Dann ist:

$$\sum_i T_i^* = \sum_i\left(\sum_j n_{ij}B_j\right) = \sum_j B_j \underbrace{\left(\sum_i n_{ij}\right)}_{k} = kG$$

sodaß:

$$\tilde{\tau}_i = \frac{rkT_i^* - \lambda kG}{(r-\lambda)rk} - \frac{G}{bk}$$

Mit $G = bk\tilde{\mu}$ und $r-\lambda = rk-\lambda v$ erhält man schließlich

$$\tilde{\tau}_i = \frac{T_i^* - rk\tilde{\mu}}{r-\lambda} \qquad \text{und}$$

$$\text{Var. } (\tilde{\tau}_i - \tilde{\tau}_j) = \frac{2}{r-\lambda} \, \sigma_f^2$$

Im Rahmen einer Interblockanalyse soll auch die Blockvarianz σ_β^2 geschätzt werden. Wir betrachten zu diesem Zweck folgende Aufteilung der Regressionsquadratsumme: die zweite Zeile aus (1.8) liefert:

$$R\mathbf{1}_v\hat{\mu} + R\hat{\tau} + N\hat{\beta} = T$$

und daraus

$$\hat{\tau} = R^{-1}T - \mathbf{1}_v\hat{\mu} - R^{-1}N\hat{\beta} \tag{5.12}$$

Analog zum Vorgehen in Abschn. 1.2. bestimmen wir nun eine Fehlerquadratsumme SS_1' unter der Hypothese, daß es keine Unterschiede in den Blockeffekten gibt: die Differenz $SS_1' - SS_E$ ist dann der Quadratsumme zu Lasten der ("adjustierten") Blockunterschiede $SS_{B(adj.)}$ zuzurechnen:

$$(\hat{\tau})_{\hat{\beta}=0} = R^{-1}T - \mathbf{1}_v\hat{\mu}$$

und somit

$$SS_1' - SS_E = (Y'Y - T'(\hat{\tau})_{\hat{\beta}=0}) - (Y'Y - B'\hat{\beta} - T'R^{-1}T + T'\mathbf{1}_v\hat{\mu} + T'R^{-1}N\hat{\beta}$$

$$= (B' - T'R^{-1}N)\hat{\beta} = Q'\hat{\tau} + B'K^{-1}B - T'R^{-1}T$$

Ebenso ist wegen $SS_1' = Y'Y - T'(\hat{\tau})_{\hat{\beta}=0}$ die Größe $T'(\hat{\tau})_{\hat{\beta}=0}$ die "Quadratsumme zu Lasten der Verfahren bei Nichtbeachtung von Blockunterschieden" und wir bezeichnen sie analog (1.14) mit SS_{VoB}:

(5.13) $$SS_{VoB} = T'(R^{-1}T - \mathbf{1}_v\hat{\mu}) = T'R^{-1}T - \frac{G^2}{N}$$

Mit $R = rI$, $K = kI$ können wir damit folgende Tabelle der "Interblock-Varianzanalyse" erstellen (in dieser sind auch die Erwartungswerte der entsprechenden Durchschnittsquadrate enthalten; vgl. dazu etwa Kendell & Stuart (1968)) (siehe Tabelle 2):

Tabelle 2:

VU	SS	DF	MS	E(MS)
Verfahren (n.adj.)	$SS_{VoB} = \frac{1}{r} T'T - \frac{G^2}{N}$	v-1	MS_{VoB}	$\sigma_e^2 + \frac{r}{v-1} \sum_{i=1}^{v} \tau_i^2 + \frac{v-k}{v-1} \sigma_\beta^2$
Blöcke (adj.)	$SS_{B(adj.)} = Q'\hat{\tau} + B'K^{-1}B - T'R^{-1}T$	b-1	$MS_{B(adj.)}$	$\sigma_e^2 + \frac{N-v}{b-1} \sigma_\beta^2$
Rest	SS_E(aus Intrablockanalyse)	N-b-v+1	MS_E	σ_e^2
Total	$SS_{Tot} = Y'Y - \frac{G^2}{N}$	N-1		

σ_e^2 und σ_β^2 können durch Gleichsetzen der Durchschnittsquadrate mit ihren Erwartungswerten geschätzt werden:

$$\hat{\sigma}_e^2 = MS_E \quad (\text{....erwartungstreu für } \sigma_e^2)$$

$$\hat{\sigma}_\beta^2 \approx \frac{(b-1)(MS_{B(adj.)} - MS_E)}{N-v}$$

5.2. Kombinierte Intra- und Interblockschätzer

Wir haben nun die Lösungen zweier Normalgleichungssysteme zur Verfügung:

$$\hat{\boldsymbol{\tau}} = f(\mathbf{Q}) = \mathbf{C}\mathbf{Q}$$

$$\tilde{\boldsymbol{\tau}} = g(\mathbf{B}, G) = (\mathbf{N}\mathbf{N}')^{-1}\mathbf{N}\mathbf{B} - \frac{G}{bk}\mathbf{1}_v$$

Wegen Cov $(Q_i, B_j) = 0$ für beliebige Paare (i,j) sind die beiden Gruppen von Lösungen unkorreliert (bzw. im Fall der Normalverteilung unabhängig).

Sei nun $\psi = \tau_i - \tau_j$ ein elementarer Kontrast und $\hat{\psi} = \widehat{\tau_i - \tau_j} = \hat{\tau}_i - \hat{\tau}_j$

(resp. $\tilde{\psi} = \widetilde{\tau_i - \tau_j} = \tilde{\tau}_i - \tilde{\tau}_j$) sein Intrablock- (resp. Interblock-) schätzer. Wir benützen folgende Eigenschaft von kombinierten Schätzern: sind $\hat{\theta}_1$ und $\hat{\theta}_2$ unverzerrte und unkorrelierte Schätzer eines Parameters θ mit Varianzen v_1 resp. v_2, dann ist

(5.14a) $$\theta' := (w_1\hat{\theta}_1 + w_2\hat{\theta}_2)/(w_1+w_2) \quad \text{mit } w_1 = 1/v_1,\ w_2 = 1/v_2$$

die (im Sinne einer minimalen Varianz) beste Linearkombination von $\hat{\theta}_1$ und $\hat{\theta}_2$. Man hat somit:

(5.14b) $$\theta' = \frac{v_2\hat{\theta}_1+v_1\hat{\theta}_2}{v_1+v_2}$$

Die Varianz dieses Schätzers θ' ist dann:

(5.15) $$\mathrm{Var}\,(\theta') = \frac{v_2^2v_1+v_1^2v_2}{(v_1+v_2)^2} = \frac{v_1v_2}{v_1+v_2}.$$

Somit ist für Elementarkontraste der beste kombinierte Schätzer gegeben durch:

(5.16) $$\psi' = \frac{\mathrm{Var}(\tilde{\tau}_i-\tilde{\tau}_j)(\hat{\tau}_i-\hat{\tau}_j)+\mathrm{Var}(\hat{\tau}_i-\hat{\tau}_j)(\tilde{\tau}_i-\tilde{\tau}_j)}{\mathrm{Var}(\hat{\tau}_i-\hat{\tau}_j)+\mathrm{Var}(\tilde{\tau}_i-\tilde{\tau}_j)}$$

mit

(5.17) $$\mathrm{Var}(\psi') = \frac{\mathrm{Var}(\hat{\tau}_i-\hat{\tau}_j).\mathrm{Var}(\tilde{\tau}_i-\tilde{\tau}_j)}{\mathrm{Var}(\hat{\tau}_i-\hat{\tau}_j)+\mathrm{Var}(\tilde{\tau}_i-\tilde{\tau}_j)}$$

Für BIB-Pläne können wir ψ' und Var (ψ') explizit anführen: Wegen Var $(\hat{\tau}_i-\hat{\tau}_j) = \frac{2k}{\lambda v}\sigma_e^2$ und Var $(\tilde{\tau}_i-\tilde{\tau}_j) = \frac{2}{r-\lambda}\sigma_f^2$ ist

(5.18a) $$\Psi' = \frac{\lambda v \sigma_f^2(\hat{\tau}_i-\hat{\tau}_j)+k(r-\lambda)\sigma_e^2(\tilde{\tau}_i-\tilde{\tau}_j)}{k(r-\lambda)\sigma_e^2+\lambda v\sigma_f^2}$$

und

(5.18b) $$\mathrm{Var}\,(\Psi') = \frac{2k\sigma_e^2\sigma_f^2}{k(r-\lambda)\sigma_e^2+\lambda v\sigma_f^2}$$

Für PBIB-Pläne hat man die entsprechenden Varianzen jeweils aus der Lösungsmatrix resp. aus der Inversen der Interblockmatrix zu bestimmen.

5.3. Verallgemeinerte LS-Schätzer

Wir betrachten wieder einen allgemeinen unvollständigen Blockplan mit $k_j = k (j=1,\dots,b)$. Mit den eingangs getroffenen zusätzlichen Annahmen über die Blockeffekte β_j hat man:

(5.19) $$\mathrm{Var}\,(y_{ij}) = \sigma_\beta^2 + \sigma_e^2$$
$$\mathrm{Cov}\,(y_{ij},y_{i'j'}) = \delta_{jj'}\,\sigma_\beta^2$$ (δ ... Kronecker-Delta)

Die Kovarianzmatrix $\mathbf{P}$ des Beobachtungsvektors $\mathbf{Y}$ enthält dann entlang ihrer Hauptdiagonale b Submatrizen $[\sigma_e^2\,\mathbf{I}_k+\sigma_\beta^2\,\mathbf{J}_{kk}]$, alle anderen Elemente sind Null.

Mit der Design-Matrix

$$\underset{bk \times v+1}{X} = \begin{pmatrix} 1_N & T_1 \\ & \vdots \\ & T_b \end{pmatrix}, \quad (T_j \ldots \text{ Verfahrensmatrizen; } j=1,\ldots,b)$$

und Parametervektor $\theta^{*\prime} = (\mu, \tau_1^*, \ldots, \tau_v^*)$ ist dann die Funktion

(5.20) $$Q(\mu, \tau^*) := (Y - X\theta^*)' P^{-1} (Y - X\theta^*)$$

mit $X\theta^* = E(Y)$ zu minimieren.

Sind die β_j, e_{ij} (speziell) auch noch normalverteilt, dann wissen wir, daß Kleinstquadratschätzer (LS) und Maximum Likelihoodschätzer (ML) übereinstimmen: die Loglikelihoodfunktion ist dann nämlich gegeben durch:

(5.21) $$\lg L(\mu, \tau^* | Y) = \lg \frac{1}{(2\pi)^{\frac{N}{2}} |P|^{\frac{1}{2}}} - \frac{1}{2} [(Y' - E(Y')) P^{-1} (Y - E(Y))]$$

Zu minimieren ist also wieder die quadratische Form (5.20):

$$L^*(\mu, \tau^* | Y) = [Y' - E(Y')] P^{-1} [Y - E(Y)] = Q(\mu, \tau^*)$$

Als Lösung erhalten wir nach (1.15a):

(5.22) $$X' P^{-1} X \hat{\theta}^* = X' P^{-1} Y$$

Wir geben nun eine explizite Lösung von (5.20) an:

Durch Ausmultiplizieren überzeugt man sich leicht, daß die Inverse $\mathbf{P}^{-1}$ entlang ihrer Hauptdiagonalen die b Submatrizen

$[\frac{1}{\sigma_e^2}\mathbf{I}_k - \frac{\sigma_\beta^2}{\sigma_e^2(\sigma_e^2+k\sigma_\beta^2)}\mathbf{J}_{kk}]$ enthält und alle anderen Elemente wieder Null sind.

Wir multiplizieren (5.20) aus und erhalten:

$$Q(\mu,\boldsymbol{\tau}^*) = \frac{1}{\sigma_e^2} \sum_i \sum_j (y_{ij}-\mu-\tau_i)^2 - \frac{\sigma_\beta^2}{\sigma_e^2(\sigma_e^2+k\sigma_\beta^2)} \sum_j (B_j-k\mu-\sum_i n_{ij}\tau_i)^2$$

Dann ergibt:

$$\frac{\partial Q(\mu,\boldsymbol{\tau}^*)}{\partial\mu} = 0 \Rightarrow \mu^* = \frac{G}{N}$$

und

$$\frac{\partial Q(\mu,\boldsymbol{\tau}^*)}{\partial\tau_i} = \Big| -\frac{2}{\sigma_e^2}(T_i-r_i\mu-r_i\tau_i) + \frac{2\sigma_\beta^2}{\sigma_e^2(\sigma_e^2+k\sigma_\beta^2)}[\sum_j(B_j-k\mu-\sum_h n_{hj}\tau_h)n_{ij}] = 0$$

bzw.:

$$\frac{\partial Q(\mu,\boldsymbol{\tau}^*)}{\partial\boldsymbol{\tau}} = \Big| -\frac{2}{\sigma_e^2}(\mathbf{T}-\mathbf{R1}\mu-\mathbf{R}\boldsymbol{\tau}) + \frac{2\sigma_\beta^2}{\sigma_e^2(\sigma_e^2+k\sigma_\beta^2)}[\mathbf{NB}-\mathbf{N1}k\mu-\mathbf{NN}'\boldsymbol{\tau}] = \mathbf{0}$$

ergibt mit (1.3) und $\sigma_f^2 := k^2\sigma_\beta^2+k\sigma_e^2$ $\left(\Rightarrow \frac{\sigma_\beta^2}{\sigma_e^2(\sigma_e^2+k\sigma_\beta^2)} = \frac{1}{k\sigma_e^2} - \frac{1}{\sigma_f^2}\right)$:

$$(\mathbf{T}-\mathbf{R1}\mu-\mathbf{R}\boldsymbol{\tau}) - \left(\frac{1}{k}-\frac{\sigma_e^2}{\sigma_f^2}\right)(\mathbf{NB}-\mathbf{R1}k\mu-\mathbf{NN}'\boldsymbol{\tau}) = \mathbf{0} \Leftrightarrow$$

$$\text{(5.23)} \quad \Leftrightarrow [\underbrace{(\mathbf{T}-\mathbf{NK}^{-1}\mathbf{B})}_{\mathbf{Q}} - \underbrace{(\mathbf{R}-\mathbf{NK}^{-1}\mathbf{N})}_{\mathbf{C}}\boldsymbol{\tau}] + \frac{\sigma_e^2}{\sigma_f^2}(\underbrace{\mathbf{NB}-\frac{G}{b}\mathbf{R1}}_{\mathbf{N}(\mathbf{B}-\frac{G}{b}\mathbf{1})}-\mathbf{NN}'\boldsymbol{\tau}) = \mathbf{0}$$

Würden wir (5.23) mit $1/\sigma_e^2$ multiplizieren, so erkennen wir, daß - abgesehen von den Gewichtungsfaktoren, die dann gerade die Reziprokwerte der jeweiligen Varianzen sind - der erste Term für sich allein gerade das Intrablocknormalgleichungssystem ((1.9), 2. Zeile), der zweite Term für sich allein gerade das Interblocknormalgleichungssystem ((5.7c), 2. Zeile) ergibt.

Ersetzen wir zur Kennzeichnung der Lösungen in (5.23) $\boldsymbol{\tau}$ durch $\boldsymbol{\tau}^*$ und bezeichnen wir mit $w_1 := 1/\sigma_e^2$ bzw. $w_2 := k/\sigma_f^2$, so erhalten wir:

$$\mathbf{Q} + \frac{w_2}{w_1 k}\left(\mathbf{N}\mathbf{B} - \frac{G}{b}\mathbf{R}\mathbf{1}\right) = \left(\frac{w_2}{k w_1}\mathbf{N}\mathbf{N}' + \mathbf{C}\right)\boldsymbol{\tau}^*$$

bzw. mit (1.3) und der Definition der $\mathbf{C}$ -Matrix:

(5.24) $$\mathbf{Q} + \frac{w_2}{k w_1}\mathbf{N}\left(\mathbf{B} - \frac{G}{b}\mathbf{1}\right) = \left(\mathbf{R} - \frac{w_1 - w_2}{k w_1}\mathbf{N}\mathbf{N}'\right)\boldsymbol{\tau}^*$$

Mit:

$$P_i := Q_i + \frac{w_2}{k w_1}\left(\sum_j n_{ij} B_j - \frac{r_i G}{b}\right)$$

(5.25) $$R_i := \frac{r_i}{w_1}\left(w_1 + \frac{w_2}{k-1}\right)$$

$$\Lambda_{hi} := \frac{\lambda_{hi}}{w_1}(w_1 - w_2) \qquad \left(\text{mit } \lambda_{hi} = \sum_j n_{hj} n_{ij}\right)$$

kann die i-te Zeile des Gleichungssystems (5.24) in folgender Form geschrieben werden:

(5.26) $$P_i = R_i\left(\frac{k-1}{k}\right)\tau_i^* - \sum_{h \neq i} \frac{\Lambda_{hi}\tau_h^*}{k} \qquad (i=1,\ldots,v)$$

Andererseits kann (1.7) dargestellt werden als

$$Q_i = r_i\left(\frac{k-1}{k}\right)\hat{\tau}_i - \sum_{h \neq i} \frac{\lambda_{hi}\hat{\tau}_h}{k} \quad ,$$

sodaß wir die Lösung für $\boldsymbol{\tau}^*$ dadurch erhalten können, daß wir die Größen Q_i, r_i und λ_{hi} in den Lösungen der Intrablockgleichungen durch die Größen P_i, R_i und Λ_{hi} aus (5.25) ersetzen.

Wir studieren zwei Sonderfälle:

Fall 1: $\sigma_\beta^2 \to 0$:

$\sigma_\beta^2 \to 0 \Rightarrow w_2 \to w_1$; somit:

$$P_i = Q_i + \frac{1}{k}\left(\Sigma n_{ij} B_j - \frac{r_i G}{b}\right) = T_i - r_i \mu^*$$

$$R_i = r_i \frac{k}{k-1}$$

$$\Lambda_{hi} = 0$$

Somit hat (5.26) die spezielle Form

$$T_i - r_i \mu^* = r_i \tau_i^*$$

bzw. $\boldsymbol{\tau}^* = \mathbf{R}^{-1}\mathbf{T} - \mathbf{1}_v \mu^*$

Diese Lösung entspricht (wie zu erwarten) genau der Lösung in einem einfaktoriellen Versuchsplan ohne Blockbildung.

Fall 2: $\sigma_\beta^2 \to \infty$:

$\sigma_\beta^2 \to \infty \Rightarrow w_2 \to 0$, somit:

$$P_i = Q_i$$

$$R_i = r_i$$

$$\Lambda_{hi} = \lambda_{hi}$$

Somit hat (5.26) die spezielle Form

$$Q_i = r_i \left(\frac{k-1}{k}\right)\tau_i^* - \sum_{h \neq i} \frac{\lambda_{hi}\tau_h^*}{k}$$

Dies ist aber gerade das Intrablock-Normalgleichungssystem.

Kennt man σ_e^2 und σ_β^2 nicht exakt, so können diese Varianzen - wie in Abschn. 5.1. dargestellt - aus Tab. 2 geschätzt werden. Sind die Gewichte w_1, w_2 nicht exakt bekannt, so gibt es keinen mit dem F-Test in Tab. 1 vergleichbaren Test auf Gleichheit der Haupteffekte; beruhen ihre Schätzungen jedoch auf einer großen Zahl von Freiheitsgraden, so ist die Statistik

(5.27) $$F^* = \sum_{i=1}^{v} \tau_i^* P_i$$

approximativ χ^2-verteilt mit (v-1) Freiheitsgraden (vgl. etwa Bose & Shimamoto (1952)).

Ist nun $\mathbf{D}$ wieder eine Lösungsmatrix für das Gleichungssystem (5.26), so erhält man wegen Cov ($\mathbf{Y}$) = $\mathbf{P} = \mathbf{P}_0\sigma_e^2$ (mit $\mathbf{P}_0$ ... Submatrizen der Form $\mathbf{I}_k + \frac{\sigma_\beta^2}{\sigma_e^2}\mathbf{J}_{kk}$) für die Varianz der Schätzer von Elementarkontrasten:

(5.28) $$\mathrm{Var}(\tau_i^*-\tau_j^*) = (d_{ii}+d_{jj}-2d_{ij})\sigma_e^2 = \frac{1}{w_1}(d_{ii}+d_{jj}-2d_{ij})$$

Wir untersuchen nun die Schätzer $\boldsymbol{\tau}^*$ für spezielle Pläne:

(a) BIB-Pläne

Mit $r_i = r$ und $\lambda_{hi} = \lambda$ erhält man nach (5.26):

$$kP_i = R(k-1)\tau_i^* - \sum_{h\neq i} \Lambda\tau_h^* \qquad \left(\text{mit } R = r\left(w_1 + \frac{w_2}{k-1}\right.\right.$$

$$\left.\Lambda = \lambda\,(w_1 - w_2)\right)$$

$$= R(k-1)\tau_i^* + \Lambda\tau_i^* - \Lambda \underbrace{\sum_h \tau_h^*}_{0}$$

und daraus:

(5.29) $$\tau_i^* = \frac{kP_i}{R(k-1)+\Lambda} = \frac{kw_1P_i}{\lambda v w_1 + (r-\lambda)w_2}$$

Die Lösungsmatrix $\mathbf{D}$ des Gleichungssystems $\boldsymbol{\tau}^* = \mathbf{D}\mathbf{P}$ hat somit die Elemente:

$$d_{ii} = \frac{kw_1}{\lambda v w_1 + (r-\lambda)w_2} \quad , \quad d_{ih} = 0 \ (i \neq h)$$

und somit ist

(5.30) $$\mathrm{Var}\,(\tau_i^* - \tau_h^*) = \frac{2kw_1}{\lambda v w_1 + (r-\lambda)w_2}\,\sigma_e^2 = \frac{2k}{\lambda v w_1 + (r-\lambda)w_2}$$

(b) PBIB(2)-Pläne

(b-1): entsprechend der Methode A (Rao) aus Abschn. 3.3 erhält man (nach Ersetzen der Größen Q_i, r, λ_i durch P_i, R, Λ_i):

(5.31) $$\tau_i^* = \frac{k}{\Delta_r'}\,[B'_{22}P_i - B'_{12}\,S_1(P_i)]$$

mit $B'_{22} = R(k-1) + \Lambda_2 + (\Lambda_2 - \Lambda_1)(p^1_{11} - p^2_{11})$

$B'_{12} = \Lambda_2 - \Lambda_1$

$A'_{12} = R(k-1) + \Lambda_2$

$A'_{22} = (\Lambda_2 - \Lambda_1)\ p^2_{12}$

$\Delta'_r = A'_{12}\ B'_{22} - A'_{22}\ B'_{12}$

und

(5.32)

$$\mathrm{Var}\ (\tau^*_i - \tau^*_h) = \frac{2k(B'_{12}+B'_{22})}{\Delta'_r}\ \sigma^2_e = \frac{2k(B'_{12}+B'_{22})}{w_1 \Delta'_r} =: V_1$$

(für ein Paar von ersten Assoziierten)

$$\mathrm{Var}\ (\tau^*_i - \tau^*_h) = \frac{2kB'_{22}}{\Delta'_r}\sigma^2_e = \frac{2kB'_{22}}{w_1 \Delta'_r} =: V_2$$

(für ein Paar von zweiten Assoziierten)

(b-2): entsprechend der Methode B (Bose & Shimamoto) aus Abschn. 3.3 erhält man:

$$\tau^*_i = \frac{k-d_2}{R(k-1)}\ P_i + \frac{d_1-d_2}{R(k-1)}\ S_1(P_i)$$

$$\text{wobei } d_j = \frac{c_j \Delta_b (w_1-w_2)^2 + r\lambda_j w_2 (w_1-w_2)}{\Delta_b (w_1-w_2)^2 + rHw_2(w_1-w_2) + r^2 w_2^2}$$ (mit c_j, Δ_b wie in (3.45))

mit $kH = (2rk-2r+\lambda_1+\lambda_2)+(p^1_{12}-p^2_{12})(\lambda_1-\lambda_2)$

bzw.:

(5.33) $$\tau_i^* = \frac{(k-d_2)w_1P_i}{r[w_2+(k-1)w_1]} + \frac{(d_1-d_2)w_1S_1(P_i)}{r[w_2+(k-1)w_1]}$$

und

(5.34) $$\text{Var. } (\tau_i^*-\tau_h^*)=V_j= \frac{2(k-d_j)\sigma_e^2}{R(k-1)} = \frac{2(k-d_j)}{r[w_2+(k-1)w_1]} \quad (j= 1,2)$$

Sei nun Ψ' der kombinierte Intra-/Interblockschätzer eines Elementarkontrasts entsprechend (5.16) und Ψ^* der entsprechende Schätzer basierend auf den τ_i^*. Dann gilt speziell für einen BIB-Plan:

$$\Psi^* = \frac{kw_1}{\lambda v w_1+(r-\lambda)w_2} (P_i-P_j) = \frac{kw_1(Q_i-Q_j)+w_2(T_i^*-T_j^*)}{\lambda v w_1+(r-\lambda)w_2}$$

$$(\text{mit } T_i^* := \sum_j n_{ij}B_j = k(T_i-Q_i))$$

Mit $\sigma_e^2 = 1/w_1$, $\sigma_f^2 = k/w_2$ und den Lösungen für die Intrablock- und Interblockschätzer $\hat{\tau}_i = \frac{kQ_i}{\lambda v}$, $\tilde{\tau}_i = \frac{T_i^*-rk\tilde{\mu}}{r-\lambda}$ erkennt man durch Einsetzen in (5.18a) unmittelbar, daß $\Psi' = \Psi^*$ gilt.

Die Gleichheit dieser Schätzer folgt aus einem allgemeineren Satz von Sprott (1956) (Beweis siehe ebenda):

(5.35) Eine notwendige und hinreichende Bedingung dafür, daß es in einem unvollständigen Blockplan (mit $r_i = r$, $k_j = k$) eine Gruppe von Verfahren 1, 2,...,a gibt, sodaß $\Psi' := (\tau_i-\tau_j)' = \tau_i^*-\tau_j^* =: \Psi^*$ für i, j = 1,2,...,a gilt, ist: alle Paare von Verfahren i,j kommen zusammen im gleichen Block gleich oft - etwa λ_1 mal - vor und alle anderen Verfahren $l \neq 1, 2, \ldots, a$ kommen mit den Verfahren $1, 2, \ldots, a$ gleich oft - etwa $\lambda_l$mal - zusammen im gleichen Block vor.

Aus (5.35) folgt speziell für PBIB-Pläne:

(5.36) Eine notwendige und hinreichende Bedingung dafür, daß in einem PBIB(m)-Plan $(\tau_i-\tau_j)' = \tau_i^*-\tau_j^*$ für je zwei s-te Assoziierte i und j gilt, ist: $\mathbf{P}_s$ ist eine Diagonalmatrix.

Beweis:
Sei $(\tau_i-\tau_j)' = \tau_i^*-\tau_j^*$ und seien i,j s-te Assoziierte: i und j kommen dann $\lambda_s$mal zusammen im gleichen Block vor. Die $(l \neq s)$-ten Assoziierten von i kommen $\lambda_l$mal mit i zusammen im gleichen Block vor und müssen nach (5.35) auch $\lambda_l$mal mit j zusammen im gleichen Block vorkommen: sie sind also l-te Assoziierte von j; die Anzahl der l-ten Assoziierten sowohl zu i als auch zu j ist also gleich der Gesamtanzahl der l-ten Assoziierten von i(j): $p_{ll}^s = n_l$; $\sum_{r=1}^{m} p_{lr}^s = n_l$ (für $l \neq s$, siehe (2.15d)) $\Rightarrow$ $p_{lr}^s = 0$ für $r \neq l$.

Ist umgekehrt $\mathbf{P}_s$ eine Diagonalmatrix, dann ist $p_{ll}^s = n_l$, sodaß alle l-ten Assoziierten von i auch l-te Assoziierte von j sind und somit mit i und j (und allen anderen Verfahren der s-ten assoziierten Klasse) gerade $\lambda_l$mal zusammen im gleichen Block vorkommen: somit gilt nach (5.35): $(\tau_i-\tau_j)' = \tau_i^*-\tau_j^*$.

Speziell gilt für PBIB(2)-Pläne:

(5.37) $(\tau_i-\tau_j)' = \tau_i^*-\tau_j^* \Leftrightarrow$ i und j sind 1. Assoziierte eines teilbaren Plans.

Beweis:

Für teilbare Pläne gilt (unter Berücksichtigung von (3.12)):

$$\mathcal{P}_1 = \begin{pmatrix} n_1-1 & 0 \\ 0 & n_2 \end{pmatrix} \quad \text{(Diagonalmatrix)}$$

Andererseits ist p_{12}^1 $(=p_{21}^1) = 0$ nach (3.13) notwendig und hinreichend dafür, daß ein PBIB(2)-Plan teilbar ist.

Betrachten wir dazu zur Illustration folgenden regulären teilbaren PBIB(2)-Plan (Plannr. R 42 in Tab. 2 c/Anhang)

Block	I	II	III	IV	V	VI
	1	3	2	1	3	1
	2	4	5	2	4	5
	3	5	6	4	6	6

Dieser Plan hat die Interblockmatrix

$$NN' = \begin{pmatrix} 3 & 2 & 1 & 1 & 1 & 1 \\ 2 & 3 & 1 & 1 & 1 & 1 \\ 1 & 1 & 3 & 2 & 1 & 1 \\ 1 & 1 & 2 & 3 & 1 & 1 \\ 1 & 1 & 1 & 1 & 3 & 2 \\ 1 & 1 & 1 & 1 & 2 & 3 \end{pmatrix}$$

$(v, r, k, b) = (6, 3, 3, 6)$

$(\lambda_1, \lambda_2) = (2, 1)$

$(m, n) = (3, 2)$

Die $\mathbf{P}$-Matrizen sind dann:

$$\mathbf{P}_1 = \begin{pmatrix} 0 & 0 \\ 0 & 4 \end{pmatrix} \qquad \mathbf{P}_2 = \begin{pmatrix} 0 & 1 \\ 1 & 2 \end{pmatrix}$$

Verfahren i und j seien 1. Assoziierte ((i,j) = (1,2) v (3,4) v (5,6)).

Mit der in Abschn. 3.3 dargestellten Methode A (Rao) erhalten wir unter Anwendung von (3.38):

$$\hat{\tau}_i - \hat{\tau}_j = \frac{k(B_{22}+B_{12})}{\Delta_r}(Q_i - Q_j)$$

Mit: $A_{12} = r(k-1) + \lambda_2 = 7$

$$B_{22} = r(k-1) + \lambda_2 + (\lambda_2 - \lambda_1)(p_{11}^1 - p_{11}^2) = 7$$

$$A_{22} = (\lambda_2 - \lambda_1)p_{12}^2 = -1$$

$$B_{12} = \lambda_2 - \lambda_1 = -1$$

und $\Delta_r = A_{12}B_{22} - A_{22}B_{12} = 48$

erhalten wir: $\hat{\tau}_i - \hat{\tau}_j = \frac{3}{8}(Q_i - Q_j)$.

Ferner ist nach (3.40):

$$\text{Var}\,(\hat{\tau}_i - \hat{\tau}_j) = \frac{2k(B_{12}+B_{22})}{\Delta_r}\sigma_e^2 = \frac{3}{4w_1} \qquad (\text{mit } w_1 = \frac{1}{\sigma_e^2})$$

Um die Interblockschätzer $\tilde{\tau}_i - \tilde{\tau}_j$ bzw. deren Varianzen zu bestimmen, benötigen wir $(\mathbf{NN}')^{-1}$. Entsprechend (2.18) ist dazu folgendes Gleichungssystem zu lösen:

$$\begin{pmatrix} 3 & 2 & 4 \\ 2 & 3 & 4 \\ 1 & 1 & 7 \end{pmatrix} \begin{pmatrix} a^0 \\ a^1 \\ a^2 \end{pmatrix} = \begin{pmatrix} 1 \\ 0 \\ 0 \end{pmatrix}$$

Wir erhalten dafür die Lösung $(a^0, a^1, a^2) = (\frac{17}{27}, -\frac{10}{27}, -\frac{1}{27})$

Dann ist nach (5.8):

$$\tilde{\tau}_i - \tilde{\tau}_j = T_i^* - T_j^* \qquad (\text{mit } T_i^* = \sum_j n_{ij} B_j)$$

und nach (5.10b)

$$\text{Var}\ (\tilde{\tau}_i - \tilde{\tau}_j) = 2(a^0 - a^1)\ \sigma_f^2 = \frac{6}{w_2} \qquad (\text{mit } w_2 = k/\sigma_f^2)$$

somit erhält man nach (5.14b):

$$(\tau_i - \tau_j)' = \frac{3w_1(Q_i - Q_j) + w_2(T_i^* - T_j^*)}{8w_1 + w_2}$$

Mit (5.31) ist

$$\tau_i^* - \tau_j^* = \frac{k(B'_{22} + B'_{12})}{\Delta'_r} \ (P_i - P_j)$$

$$\text{mit } R = \frac{r}{w_1} \ (w_1 + \frac{w_2}{k-1}) = \frac{6w_1 + 3w_2}{2w_1}$$

$$\Lambda_1 = \frac{\lambda_1}{w_1} \ (w_1 - w_2) = \frac{2(w_1 - w_2)}{w_1}$$

$$\Lambda_2 = \frac{\lambda_2}{w_1} \ (w_1 - w_2) = \frac{w_1 - w_2}{w_1}$$

und $A_{12}' = R(k-1) + \Lambda_2 = \dfrac{7w_1+2w_2}{w_1} = B_{22}'$ (wegen $p_{11}^1 = p_{11}^2 = 0$)

$A_{22}' = (\Lambda_2-\Lambda_1)\, p_{12}^2 = \dfrac{w_2-w_1}{w_1} = B_{12}'$ (wegen $p_{12}^2 = 1$)

Gemäß (5.26) gilt:

$$P_i-P_j = \frac{3w_1(Q_i-Q_j)+w_2(T_i^*-T_j^*)}{3w_1} \quad \text{, sodaß:}$$

$$\tau_i^*-\tau_j^* = \frac{3w_1(Q_i-Q_j)+w_2(T_i^*-T_j^*)}{8w_1+w_2} = (\tau_i-\tau_j)'$$

Eine entsprechende Rechnung zeigt, daß diese Gleichheit der Schätzer für ein Paar von 2. Assoziierten nicht gegeben ist.

6. DIE ANWENDUNG VON PAARVERGLEICHSPLÄNEN (k=2) AUF DIALLELE KREUZUNGSEXPERIMENTE

6.1. Das Modell

Ausgehend von durch Inzucht hervorgebrachten reinerbigen Stämmen von Individuen einer Art (Pflanzen, Tiere) versteht man unter einem "diallelen Kreuzungssystem" alle möglichen Kreuzungen innerhalb der Parentalgeneration. An den daraus hervorgehenden Mischlingen der ersten Filialgeneration (F_1) wird ein "Ertragsmerkmal" Y untersucht. Die phänotypische (beobachtbare) Merkmalsausprägung y_{ij} eines Individuums der F_1, das aus der Kreuzung von Stamm i mit Stamm j (ixj) hervorgegangen ist, setze sich additiv zusammen gemäß:

(6.1) $$y_{ij} = \mu + v_{ij} + e_{ij}$$

Dabei ist:

μ....... allgemeines Mittel
v_{ij}..... Effekt zu Lasten des ij-ten Genotyps
e_{ij}..... Fehlerglied

Die (für Testzwecke in aller Regel zu treffende) Annahme der Normalverteilung der Meßwerte erscheint gerechtfertigt, wenn man akzeptiert, daß die Variabilität der ingezüchteten Stämme hinsichtlich der Ausprägungen eines quantitativen Merkmals auf einem Vererbungsprozeß auf sehr vielen Genen (polygenetisches Vererbungsmodell) beruht, wobei der Beitrag jedes einzelnen Gens infinitesimal klein ist.

Im Rahmen von Kreuzungsexperimenten untersucht man die "Kreuzungsfähigkeit" ("Combining Ability") der einzelnen Stämme. In diesem Zusammenhang definierten Sprague & Tatum (1942) die Begriffe "allgemeine Kreuzungsfähigkeit" ("General Combining Ability;, g.c.a.) als den "durchschnittlichen Beitrag zur Merkmalsausprägung eines Nachkömmlings innerhalb der F_1 zu Lasten eines reinerbigen Stammes" und "spezifische Kreuzungsfähigkeit" ("Specific Combining Ability", s.c.a.) als "Bezeichnung für jene Fälle, bei denen bestimmte Mischlinge eine höhere (oder niedrigere) Merkmalsausprägung aufweisen, als man auf Grund der allgemeinen Kreuzungsfähigkeit der gekreuzten Stämme erwarten würde".

Dementsprechend wählen wir für v_{ij} aus (6.1):

(6.2a) $$v_{ij} = g_i + g_j + s_{ij}$$

mit:

g_i, g_j .... Beitrag zu Lasten des reinerbigen Stammes i (bzw. j) (also die g.c.a.'s der Stämme i und j)

s_{ij} ...... Beitrag zu Lasten der spezifischen Kreuzung ixj (also die s.c.a. von i und j; $s_{ij} = s_{ji}$)

Zudem können auch noch Reziprokeffekte berücksichtigt werden:

(6.2b) $$v_{ij} = g_i + g_j + s_{ij} + r_{ij}$$

Dabei steht r_{ij} für den (additiven) Effekt zu Lasten der Kreuzung i (männlich) x j (weiblich). Man fordert dann $r_{ij} = -r_{ji}$, sodaß- im Gegensatz zu Modellen ohne Reziprokeffekte - i.a. $v_{ij} \neq v_{ji}$ gilt.

Die den Versuchsplänen zugrundegelegten Modelle können deterministisch oder stochastisch sein: im deterministischen Fall ("Modelle mit fixen Effekten") werden die genotypischen Effekte als Konstante betrachtet; Ziel bei diesen Experimenten ist es, die Kreuzungsfähigkeiten der Eltern zu vergleichen und (eventuell) jene Kombinationen herauszufinden, die möglichst große Merkmalsausprägungen (Erträge) erzielen. Für Testzwecke muß lediglich verlangt werden, daß die Fehlerglieder e_{ij} einer $N(0,\sigma_e^2)$ genügen. Im stochastischen Fall ("Modelle mit Zufallseffekten") werden die genotypischen Effekte als Zufallsvariable betrachtet und die auftretenden statistischen Fragestellungen betreffen weniger die einzeln in die Stichprobe aufgenommenen Stämme als vielmehr die Parameter der Parentalgeneration. Im wesentlichen geht es um die Schätzung von Varianz komponenten; zu diesem Zweck werden wir annehmen müssen, daß neben den Fehlergliedern auch alle Effekte (außer μ) unabhängig nach ($N(0,\sigma_\theta^2)$: $\theta = g,s,r$) verteilt sind. Solche Varianzkomponenten sind etwa im Modell ohne Reziprokeffekte

$$y_{ij} = \mu + g_i + g_j + s_{ij} + e_{ij}$$

die Größen

$\sigma_A^2 := 2\,\sigma_g^2$..... "additive genetische Varianz"

$\sigma_{nA}^2 := \sigma_s^2$ ..... "nicht additive genetische Varianz"

σ_e^2 ..... "Fehlervarianz"

In diesem Zusammenhang bezeichnet man auch

$\sigma_G^2 := 2\sigma_g^2+\sigma_s^2$ ... als "genotypische Varianz" und

$\sigma_P^2 := \sigma_G^2+ \sigma_e^2$ ... als "phänotypische Varianz"

Dabei ist:

$$\sigma_g^2 = \text{Cov (H.G.)}$$

und

$$\sigma_s^2 = \text{Cov (V.G.)} - 2\ \text{Cov (H.G.)},$$

wobei H.G. (resp. V.G.) Halbgeschwister (resp. Vollgeschwister) bedeutet: mit den vorhin getroffenen Annahmen bezüglich der Zufallsvariablen s,g ist nämlich:

$$Cov(H.G.) = E(v_{ij} \cdot v_{ij'}) = E\,[(g_i+g_j+s_{ij})(g_i+g_{j'}+s_{ij'})] =$$

$$= E(g_i^{\,2}) = \sigma_g^2$$

und:

$$Cov(V.G.) = E(v_{ij} \cdot v_{ij}) = E\,[(g_i+g_j+s_{ij})^2] = E(g_i^{\,2})+E(g_j^{\,2})+E(s_{ij}^2) =$$

$$= 2\sigma_g^2 + \sigma_s^2$$

sodaß:

$$\sigma_s^2 = Cov(V.G.) - 2\,Cov(H.G.)$$

Wir betrachten nun Kreuzungsexperimente für jeweils v reinerbige Stämme. Griffing (1956) unterscheidet entsprechend den möglichen genetischen Modellen vier Versuchsanordnungen:

	Kreuzungen ixj incl. Selbstungen	Kreuzungen ixj ohne Selbstungen
mit Reziprokkreuzungen	Methode 1: "volldialleler Kreuzungsplan"; v^2 Kreuzungen möglich	Methode 3: "volldialleler Kreuzungsplan ohne Selbstungen"; v(v-1) Kreuzungen möglic
ohne Reziprokkreuzungen	Methode 2: "halbdialleler Kreuzungsplan"; v(v+1)/2 Kreuzungen möglich	Methode 4: "halbdialleler Kreuzungsplan ohne Selbstungen"; v(v-1)/2 Kreuzungen mögl

Vollständige Kreuzungsexperimente für Modelle mit fixen und stochastisch Effekten werden ausführlich bei Griffing selbst beschrieben.
Wir betrachten hier Griffing's Methode 4 in allgemeiner Form.

Den Zusammenhang zwischen unvollständigen Blockexperimenten mit Blöcken der Größe k=2 ("Paarvergleichspläne") und halbdiallelen Kreuzungsexperimenten liefert uns folgende Überlegung:

Sei gemäß (6.1) und (6.2a)

$$y_{il} = \mu + g_i + g_l + s_{il} + e_{il}$$

die phänotypische Merkmalsausprägung resultierend aus der Kreuzung ixl. Bezeichnen wir gemäß dem Modell des allgemeinen unvollständigen Blockplans mit

$$x_{\nu j} = m + g_\nu + \beta_j + e_{\nu j} \qquad (\nu = i,l)$$

den (gedachten) Meßwert für das ν-te Verfahren im j-ten Block, so können wir y_{il} als eine Summe B_j der Meßwerte in einem Block j auffassen, dessen k = 2 Parzellen mit den Verfahren (Stämmen) i und l besetzt sind:

$$y_{il} \mathrel{\hat{=}} B_j = x_{ij} + x_{lj} = \underbrace{2m}_{=:\mu} + g_i + g_l + \underbrace{\underbrace{2\beta_j}_{=:s_{il}} + \underbrace{e_{ij} + e_{lj}}_{=:e_{il}}}_{=:f_j}$$

Betrachten wir die Interaktionseffekte (Blockeffekte) und die Intrablockfehler als Zufallsvariable mit Erwartungswert von Null und Varianz $\sigma^2_\theta(\theta=s,e)$, dann gilt:

$$E(f_j) = 0; \quad Var(f_j) =: \sigma^2_f = \sigma^2_s + \sigma^2_e$$

Die varianzanalytische Behandlung eines halbdiallelen Kreuzungsexperiments entspricht somit der Interblockanalyse (gemäß Abschn. 5.1) eines unvollständigen Blockplans mit Parametern

$(v = v) \qquad r = s < v-1$

$k = 2 \qquad b = vs/2$

Dabei ist s die Anzahl der Stämme, die mit Stamm i (i=1,...,v) gekreuzt werden; v und s können offensichtlich nicht gleichzeitig ungerade sein.

Dieser unvollständige Blockplan kann u.a. sein:

- ein BIB-Plan (für vollständige Kreuzungsexperimente: $r=s=v-1$)
- ein PBIB-Plan (für unvollständige ("partielle") Kreuzungsexperimente: $2 < r = s < v-1$)

Es ist nun zweckmäßig, anstelle des einen Ertragswerts y_{il} den Mittelwert aus $a > 1$ Wiederholungen ein und derselben Kreuzung zu betrachten, sodaß unser Modell folgende geringfügige Modifikation erfährt:

$$y_{il\alpha} = \mu + g_i + g_l + s_{il} + e_{il\alpha} \qquad (\alpha = 1,\ldots,a)$$

(6.3) $$\bar{y}_{il} = \mu + g_i + g_l + s_{il} + \underbrace{\frac{1}{a}\sum_{\alpha=1}^{a} e_{il\alpha}}_{\bar{e}_{il}}$$

Mit $f_j = s_{il} + \bar{e}_{il}$ ist dann: $E(f_j) = 0$

$$\mathrm{Var}\,(f_j) = \sigma_f^2 = \sigma_s^2 + \frac{\sigma_e^2}{a}$$

Mit $G^* := \Sigma\bar{y}_{il}$, $\hat{g}' = (\hat{g}_1,\ldots,\hat{g}_v)$ gilt dann entsprechend (5.7b,c):

(6.4a) $$\hat{\mu} = \frac{G^*}{b} = \frac{2G^*}{vs}$$

(6.4b) $$N\left(B - \frac{G^*}{b}\mathbf{1}_b\right) = NN'\hat{g}$$

Dabei hat $\mathbf{NN'}$ als Diagonalelement s und als (i,j)-tes Element (i≠j) 1 oder 0, je nachdem, ob die Stämme i und j gekreuzt werden oder nicht.

Sei ferner $\mathbf{Q} := \mathbf{N}(\mathbf{B} - \frac{G^*}{b}\mathbf{1}_b)$, dann ist:

$$(\mathbf{Q})_\nu = (\mathbf{NB} - \frac{G^*}{b}\mathbf{N1}_b)_\nu = \sum_{j(\nu)} \bar{y}_{\nu j} - \underbrace{(\frac{G^*}{b}\mathbf{R1}_v)_\nu}_{\frac{G^*}{b} r_\nu} = \sum_{j(\nu)} \bar{y}_{\nu j} - \frac{2G^*}{v}$$

Dabei bedeutet $\sum_{j(\nu)} \bar{y}_{\nu j}$ eine Summation über jene j, die mit ν gekreuzt werden.
Hat dann $\mathbf{N}$ den Rang v, sodaß $(\mathbf{NN'})^{-1}$ existiert, dann ist

(6.4c) $$\hat{\mathfrak{g}} = (\mathbf{NN'})^{-1}\mathbf{Q}$$

und mit $a^{ij} := ((\mathbf{NN'})^{-1})_{ij}$ gilt entsprechend (5.1ob):

(6.4d) $$\text{Var}(\hat{g}_i - \hat{g}_j) = (a^{ii} + a^{jj} - 2a^{ij})\,\sigma_f^2$$

6.2. Die Tabelle der Varianzanalyse

Mit den folgenden Bezeichnungen

SS_{Kr} ..... Quadratsumme zu Lasten der Kreuzungen

SS_{gca}..... Quadratsumme zu Lasten der allgemeinen Kreuzungsfähigkeit

SS_{sca}..... Quadratsumme zu Lasten der spezifischen Kreuzungsfähigkeit

hat man:

(6.5)
$$SS_{Kr} = SS_{gca} + SS_{sca}$$
$$SS_{Tot} = SS_{Kr} + SS_E$$

wobei:

(6.6a)
$$SS_{Tot} = \sum\sum\sum_{ij\nu} (y_{ij\nu} - \bar{y}_{...})^2 = \sum\sum\sum_{ij\nu} y^2_{ij\nu} - C \quad \text{mit } C = \frac{G^2}{N};$$

$$\left.\begin{array}{l} G = \sum\sum\sum_{ij\nu} y_{ij\nu} = aG^* \\ N = \frac{avs}{2} \end{array}\right\} C = \frac{2(\Sigma y_{ij\nu})^2}{avs}$$

(6.6b)
$$SS_{Kr} = a \sum\sum_{ij} (\bar{y}_{ij.} - \bar{y}_{...})^2 = a \sum\sum_{ij} \bar{y}^2_{ij.} - C$$

(6.6c)
$$SS_{gca} = a \sum_i \hat{g}_i Q_i$$

Die folgenden Beziehungen werden sich als nützlich erweisen:

(6.7a)
$$sa^{ik} + \sum_{j(i)} a^{jk} = \begin{cases} 1 \ldots k = i \\ 0 \ldots k \neq i \end{cases} \qquad \text{(wegen } (\mathbf{NN'})(\mathbf{NN'})^{-1}) = \mathbf{I})$$

(6.7b)
$$\sum_{j=1}^{v} a^{ij} = \sum_{i=1}^{v} a^{ij} = 1/2s \qquad \text{(wegen } (\mathbf{NN'})\mathbf{1} = 2s\mathbf{1} \text{ und (4.7))}$$

Es gilt nun nach (6.4c):

$$\hat{g}_i = \sum_{j=1}^{v} a^{ij} Q_j \qquad i = 1, \ldots, v$$

Dann ist:

$$SS_{gca} = a \sum_i \hat{g}_i Q_i = a \sum_i \sum_j a^{ij} Q_i Q_j =$$

$$= a \sum_i \sum_j a^{ij} \left(\sum_{l(i)} \bar{y}_{il} - \frac{2G^*}{v}\right)\left(\sum_{m(j)} \bar{y}_{jm} - \frac{2G^*}{v}\right) =$$

$$= a \,[\sum_i \sum_j \sum_{l(i)} \sum_{m(j)} a^{ij} \bar{y}_{il} \bar{y}_{jm} - \frac{2G^*}{2vs} (\underbrace{\sum_i \sum_{l(i)} \bar{y}_{il}}_{2G^*} + \underbrace{\sum_j \sum_{m(j)} \bar{y}_{jm}}_{2G^*}) + \frac{2G^{*2}}{vs}]$$

$$= a \sum_i \sum_j \sum_{l(i)} \sum_{m(j)} a^{ij} \bar{y}_{il} \bar{y}_{jm} - \frac{2aG^{*2}}{vs}$$

Halten wir i und l fest, dann ist

$$E(SS_{gca}) = a \sum_{i=1}^{v} \sum_{l(i)} \underbrace{E(\sum_{j=1}^{v} \sum_{m(j)} a^{ij} \bar{y}_{il} \bar{y}_{jm})}_{=:\,E_1} - a \underbrace{E(\frac{2G^{*2}}{vs})}_{=:\,E_2}$$

Sind - im Rahmen eines stochastischen Modells - alle Effekte θ (außer μ) unabhängige Zufallsvariable mit $E(\theta) = 0$, $Var(\theta) = \sigma_\theta^2$, dann ist:

$$E_1 = \sum_{j=1}^{v} \sum_{m(j)} a^{ij} \mu^2 + \sum_{j=1}^{v} \sum_{m(j)} a^{ij} [E(g_i g_j) + E(g_i g_m) + E(g_l g_j) + E(g_l g_m)] +$$

$$+ \sum_{j=1}^{v} \sum_{m(j)} a^{ij} [E(s_{il} s_{jm}) + E(\bar{e}_{il}\, \bar{e}_{jm})]$$

Man findet mit (6.7):

$$\sum_{j=1}^{v} \sum_{m(j)} a^{ij} \mu^2 = \frac{\mu^2}{2}$$

Wegen $E\,(s_{il}s_{jm}) = \begin{cases} \sigma_s^2 \ldots \begin{matrix} j=i \\ m=l \end{matrix} \text{ und } \begin{matrix} j=l \\ m=i \end{matrix} \\ 0 \ldots\ldots \text{sonst} \end{cases}$ gilt:

$$\sum_{j=1}^{v} \sum_{m(j)} a^{ij} E(s_{il}s_{jm}) = (a^{ii}+a^{il})\sigma_s^2$$

Entsprechend ist:

$$\sum_{j=1}^{v} \sum_{m(j)} a^{ij}\; E(\bar{e}_{il}\bar{e}_{jm}) = (a^{ii}+a^{il})\;\frac{\sigma_e^2}{a}$$

und

$$\sum_{j=1}^{v} \sum_{m(j)} a^{ij}\; E(g_i g_j) = s a^{ii}\sigma_g^2$$

$$\sum_{j=1}^{v} \sum_{m(j)} a^{ij}\; E(g_l g_j) = s a^{il}\sigma_g^2$$

$$\sum_{j=1}^{v} \sum_{m(j)} a^{ij}\; E(g_i g_m) = \sum_{j=1}^{v} a^{ij}\delta_{mi} = \sigma_g^2 \sum_{j(i)} a^{ij}$$

$$\sum_{j=1}^{v} \sum_{m(j)} a^{ij}\; E(g_l g_m) = \sum_{j=1}^{v} a^{ij}\delta_{ml} = \sigma_g^2 \sum_{j(l)} a^{ij}$$

Somit ist:

$$E_1 = \frac{\mu^2}{2} + \sigma_g^2\underbrace{(s a^{ii} + \sum_{j(i)} a^{ij})}_{1} + \sigma_g^2\underbrace{(s a^{il} + \sum_{j(l)} a^{ij})}_{0} + (a^{ii}+a^{il})(\sigma_e^2/a+\sigma_s^2)$$

$$= \frac{\mu_.^2}{2} + \sigma_g^2 + (a^{ii}+a^{il})(\sigma_s^2 + \frac{\sigma_e^2}{a})$$

Ferner ist:

$$G^* = \frac{vs}{2}\mu + s\sum_{i=1}^{v} g_i + \sum_{ij}\sum s_{ij} + \sum_{ij}\sum \bar{e}_{ij}$$

und somit:

$$E_2 = \frac{2}{vs}\left(\frac{v^2s^2}{4}\mu^2 + vs^2\sigma_g^2 + \frac{vs}{2}\sigma_s^2 + \frac{vs}{2}\frac{\sigma_e^2}{a}\right),$$

sodaß:

$$E(SS_{gca}) = a\left\{\sum_{i=1}^{v}\sum_{l(i)}\left[\frac{\mu^2}{2}+\sigma_g^2+(a^{ii}+a^{il})(\sigma_s^2+\frac{\sigma_e^2}{a})\right] - \frac{vs}{2}\mu^2 - 2s\sigma_g^2 - \sigma_s^2 - \frac{\sigma_e^2}{a}\right\}$$

$$= a\left\{s(v-2)\sigma_g^2 + (\sigma_s^2+\frac{\sigma_e^2}{a})\left[\sum_{i=1}^{v}\sum_{l(i)}(a^{ii}+a^{il})-1\right]\right\}$$

$$= as(v-2)\sigma_g^2 + (v-1)(a\sigma_s^2+\sigma_e^2)$$

Wir benötigen noch $E(SS_{Kr})$:

Mit $E(\bar{y}_{ij}^2) = \mu^2 + 2\sigma_g^2 + \sigma_s^2 + \frac{\sigma_e^2}{a}$ erhalten wir:

$$E(SS_{Kr}) = as(v-2)\sigma_g^2 + a(\frac{vs}{2} - 1)\sigma_s^2 + (\frac{vs}{2} - 1)\sigma_e^2$$

Schließlich ist wegen (6.5)

$$E(SS_{sca}) = v(\frac{s}{2} - 1)\sigma_e^2 + av(\frac{s}{2} - 1)\sigma_s^2$$

Wir erhalten damit folgende Tabelle der Varianzanalyse (siehe Tabelle 3):

Tabelle 3:

VU	SS	DF	$MS=\frac{SS}{DF}$	E(MS)
(Kreuzungen)	$(SS_{Kr}= a \sum_{i}\sum_{j}\bar{y}^2_{ij}-C)$	$(\frac{vs}{2} - 1)$	(MS_{Kr})	
gca	$SS_{gca}= a \sum_{i}\bar{g}_i Q_i$	$v - 1$	MS_{gca}	$\sigma^2_e+a\sigma^2_s+ \frac{as(v-2)}{v-1}\sigma^2_g$
sca	SS_{sca}(=Diff.auf SS_{Kr})	$v(\frac{s}{2} - 1)$	MS_{sca}	$\sigma^2_e + a\sigma^2_s$
Rest	SS_E(=Diff.auf SS_{Tot})	$\frac{vs(a-1)}{2}$	MS_E	σ^2_e
Total	$SS_{Tot} = \sum_{i}\sum_{j}\sum_{\nu} y^2_{ij\nu} -C$	$\frac{vsa}{2} - 1$		

Für den F-Test der Varianzkomponenten gegen Null verwendet man als Statistiken:

$$\text{(a) für } H_o: \sigma_s^2 = 0: \quad F_1 = \frac{MS_{sca}}{MS_E} \sim F_{v(\frac{s}{2}-1),\ \frac{vs(a-1)}{2}} \quad \text{(unter } H_o\text{)}$$

$$\text{(b) für } H_o: \sigma_g^2 = 0: \quad F_2 = \frac{MS_{gca}}{MS_{sca}} \sim F_{v-1,v(\frac{s}{2}-1)} \quad \text{(unter } H_o\text{)}$$

Punktschätzer für die Varianzkomponenten erhält man durch Gleichsetzen der Durchschnittsquadrate mit deren Erwartungswerten:

$$\hat{\sigma}_e^2 = MS_E \quad \text{(erwartungstreu für } \sigma_e^2\text{)}$$

$$\hat{\sigma}_s^2 \approx \frac{MS_{sca}-MS_E}{a}$$

$$\hat{\sigma}_g^2 \approx \frac{v-1}{as(v-2)} \left(MS_{gca} - MS_E - aMS_{sca}\right)$$

6.3. Spezielle Pläne für vollständige und unvollständige Kreuzungsexperimente

6.3.1. Vollständige Kreuzungsexperimente

Den Überlegungen in Abschn. 6.1. folgend können wir vollständige Kreuzungsexperimente (jeder Stamm wird mit jedem anderen Stamm gekreuzt) formal durch BIB-Pläne mit Parametern $(v,r,k,b,\lambda) = (v,v-1,2,\binom{v}{2},1)$ behandeln.

Mit (5.11) gilt:

$$(NN')^{-1} = \frac{1}{r-\lambda} I_v - \frac{\lambda}{(r-\lambda)rk} \mathcal{J}_{vv} = \frac{1}{v-2} I_v - \frac{1}{2(v-2)(v-1)} \mathcal{J}_{vv}$$

$(NN')^{-1}$ hat somit die Elemente:

(6.8a) $$a^{ii} = \frac{1}{v-2} - \frac{1}{2(v-2)(v-1)} = \frac{2v-3}{2(v-1)(v-2)} \qquad (i=1,\ldots,v)$$

(6.8b) $$a^{ij} = -\frac{1}{2(v-2)(v-1)} \qquad (i \neq j)$$

Mit (6.4c) sind die Schätzer für die gca-Effekte gegeben durch:

$$\hat{g}_i = \sum_j a^{ij} Q_j = \frac{(2v-3)Q_i}{2(v-1)(v-2)} - \frac{1}{2(v-1)(v-2)} \sum_{j \neq i} Q_j$$

Wegen $\sum_{l=1}^{v} Q_l = 0$ ist $\sum_{j \neq i} Q_j = -Q_i$, sodaß

(6.9) $$\hat{g}_i = \frac{Q_i}{v-2} \qquad (i=1,\ldots,v)$$

Für Elementarkontraste gilt dann:

(6.10) $$V_{ij} := Var(\hat{g}_i - \hat{g}_j) = \bar{V} = 2(a^{ii} - a^{ij})\sigma_f^2 = \frac{2}{v-2}\sigma_f^2$$

$$\left(\text{mit } \sigma_f^2 = \sigma_s^2 + \frac{\sigma_e^2}{a}\right)$$

Tab. 4 (Anhang) enthält Pläne für $v \leq 16$.

6.3.2. Unvollständige Kreuzungsexperimente

Da mit wachsendem v die Zahl der erforderlichen Kreuzungen bei vollständigen Kreuzungsplänen sehr rasch zunimmt, kommt der Untersuchung unvollständiger Kreuzungspläne, bei denen jeder der v Stämme mit $2 \leq s < v-1$ anderen Stämmen gekreuzt wird, eine entscheidende Bedeutung zu (vgl. etwa Kempthorne & Curnow (1961), Curnow (1963), Fyfe & Gilbert (1963), Reiher (1975)). Als Kriterium für die Güte (Effizienz) eines speziellen Kreuzungsplans verwendet man (in Anlehnung an die Intrablockanalyse unvollständiger Blockpläne) die durchschnittliche Varianz $\bar{V}$ der Schätzer der Elementarkontraste.

6.3.2.1. Experimente auf der Basis von PBIB(2)-Plänen

Wir betrachten im folgenden (zumindest lokal) verbundene Pläne, die sich dadurch auszeichnen, daß ihre Interblockmatrix $\mathbf{NN}'$ nur drei verschiedene Elemente enthält:

$\alpha := a_{ii} = s$ als Diagonalelement

$\beta := a_{ij} = 1$ für eine durchgeführte Kreuzung ixj

$\gamma := a_{ij} = 0$ für eine nicht durchgeführte Kreuzung ixj

Zudem muß $\mathbf{NN}'$ von vollem Rang sein ("nicht singuläre Pläne"). Dann seien weiters die (drei verschiedenen) Elemente von $(\mathbf{NN}')^{-1}$ bezeichnet mit:

$a := a^{ii}$ ..... Diagonalelement

$b := a^{ij}$ ..... Nichtdiagonalelement für eine durchgeführte Kreuzung

$c := a^{ij}$ ..... Nichtdiagonalelement für eine nicht durchgeführte Kreuzung

Dann ist mit (6.4c):

$$\hat{g}_i = aQ_i + b \sum_{j(i)} Q_j + c \sum_{j \neq j(i)} Q_j$$

und wegen $\sum_{i=1}^{v} Q_i = 0$:

(6.11a) $$\hat{g}_i = (a-c)Q_i + (b-c) \sum_{j(i)} Q_j$$

Weiters erhält man mit (6.4d) für $V_{ij} := Var(\hat{g}_i - \hat{g}_j)$:

(6.12)

$V_{ij} =: V_1 = 2(a-b)\, \sigma_f^2$ ... für eine durchgeführte Kreuzung ixj

$V_{ij} =: V_2 = 2(a-c)\, \sigma_f^2$ ... für eine nicht durchgeführte Kreuzung ixj

Die Lösung (6.11a) für die gca-Effekte kann damit auch in folgender Form geschrieben werden:

(6.11b) $$2\sigma_f^2 \hat{g}_i = V_2 Q_i + (V_2 - V_1) \sum_{j(i)} Q_j \qquad (i=1,\dots,v)$$

Folgende Überlegungen gestatten es, die Werte a,b,c explizit zu bestimmen: werden zwei Stämme i,j gekreuzt, dann können die Stämme so du numeriert werden, daß die beiden ersten Zeilen von NN' und die erste Spalte von $(NN')^{-1}$ von folgender Form sind:

1. Zeile von NN'	s	1	0...0	0...0	1...1	1...1
2. Zeile von NN'	1	s	0...0	1...1	0...0	1...1
1. Spalte von $(NN')^{-1}$	a	b	c...c	c...c	b...b	b...b
Anz.d. Elemente	1	1	v-2s+α	s-α-1	s-α-1	α

Dabei ist α die Anzahl der Stämme, die sowohl mit i als auch mit j gekreuzt werden, wenn i und j selbst gekreuzt werden. Das Produkt der 1. Zeile von NN' mit der 1. Spalte von $(NN')^{-1}$ ergibt dann:

(6.13a) $$sa + sb = 1$$

Das Produkt der 2. Zeile von NN' mit der 1. Spalte von $(NN')^{-1}$ ergibt:

(6.13b) $$a + (s+\alpha)b + (s-\alpha-1)c = 0$$

Werden hingegen zwei Stämme i,j selbst nicht gekreuzt, dann können die Stämme so durchnumeriert werden, daß die beiden ersten Zeilen von NN' und die 1. Spalte von $(NN')^{-1}$ von folgender Form sind:

1. Zeile von NN'	s	0	0...0	0...0	1...1	1...1
2. Zeile von NN'	0	s	0...0	1...1	0...0	1...1
1. Spalte von $(NN')^{-1}$	a	c	c...c	c...c	b...b	b...b
Anz.d. Elemente	1	1	v-2s-2+ß	s-ß	s-ß	ß

Dabei ist β die Anzahl der Stämme, die sowohl mit i als auch mit j gekreuzt werden, wenn i und j selbst nicht gekreuzt werden. Das Produkt der 2. Zeile von NN' mit der 1. Spalte von $(NN')^{-1}$ ergibt dann:

(6.13c) $$\beta b + (2s-\beta)c = 0$$

Aus den Gleichungen (6.13) können a,b,c bestimmt werden, soferne α und β stets den gleichen Wert haben, egal welches Paar (i,j) von Stämmen herangezogen wird, um diese Gleichungen aufzustellen.
Da aber **NN'** die Interblockmatrix eines PBIB(2)-Plans ist, erkennen wir:

(6.14) $$\alpha = p_{11}^{1} \text{ oder } p_{22}^{2} \quad , \quad \beta = p_{11}^{2} \text{ oder } p_{22}^{1} \quad ,$$

je nachdem, ob die 1. Assoziierten oder die 2. Assoziierten des Versuchsplans gekreuzt werden.

Die Werte α und β können indes nicht unabhängig voneinander gewählt werden, vielmehr muß stets gelten:

(6.15) $$s\alpha = s(s-1) - (v-s-1)\beta$$

Folgende Überlegung zeigt dies:

Stamm i wird mit s anderen Stämmen $j_1,\ldots,j_s$ gekreuzt; s Elemente $a_{ij_1},\ldots,a_{ij_s}$ der i-ten Zeile von **NN'** sind also 1. Auf die s Spalten $j_1,\ldots,j_s$ von **NN'** sind s^2 Einsen wie folgt verteilt:

- s Einsen in der i-ten Zeile von **NN'**;
- da i mit s Stämmen $j_1\ldots,j_s$ gekreuzt wird, müssen in jeder der s Zeilen $j_1,\ldots,j_s$ von **NN'** α Einsen auf die in Frage kommenden s Plätze verteilt sein: → weitere $s\alpha$ Einsen;
- da i mit (v-s-1) Stämmen $j_{s+1},\ldots,j_{v-1}$ nicht gekreuzt wird, müssen in jeder der (v-s-1) Zeilen $j_{s+1},\ldots,j_{v-1}$ von **NN'** β Einsen auf die in Frage kommenden s Plätze verteilt sein:
  → weitere $(v-s-1)\beta$ Einsen;

Somit gilt:

$$s^2 = s + s\alpha + (v-s-1)\beta \Rightarrow (6.15)$$

Mittels Gauß'schem Eliminationsverfahren wird dann das Gleichungssystem

$$\begin{aligned} a + (s+\alpha)b + (s-\alpha-1)\,c &= 0 \\ \beta b + (2s-\beta)\,c &= 0 \\ sa + sb &= 1 \end{aligned}$$

zu:

$$\begin{aligned} a + (s+\alpha)b + (s-\alpha-1)\,c &= 0 \\ \beta b + (2s-\beta)\,c &= 0 \\ [s(s+\alpha)-s]\,(2s-\beta)-\beta s(s-\alpha-1)\,c &= \beta \end{aligned}$$

Unter Berücksichtigung von (6.15) erhalten wir folgende Lösung dieses Gleichungssystems:

$$\begin{aligned} 2\,s\,[2s(s-1) - (v-2)\beta]\,c &= \beta \\ 2\,s\,[2s(s-1) - (v-2)\beta]\,b &= \beta - 2s \qquad (6.16) \\ 2\,s\,[2s(s-1) - (v-2)\beta]\,a &= 2s(2s-1)-\beta(2v-3) \end{aligned}$$

Mit (6.12) sehen wir zudem:

$$\begin{aligned} s\,[2s(s-1) - (v-2)\beta]\,V_1 &= 2[2s^2-(v-1)\beta]\sigma_f^2 \\ s\,[2s(s-1) - (v-2)\beta]\,V_2 &= 2[s(2s-1)-(v-1)\beta]\sigma_f^2 \end{aligned} \qquad (6.17)$$

Bemerkenswerterweise ist also V_1 stets größer als V_2.

Die statistische Analyse eines derartigen Kreuzungsexperiments entspricht nun der Interblockanalyse eines PBIB(2)-Plans mit Parametern:

(6.18a) $v, \quad b = vs/2, \quad r = s, \quad k = 2$

und

(6.18b) $\begin{matrix} \lambda_1 = 1 & n_1 = s & p_{11}^1 = \alpha \\ \lambda_2 = 0 & n_2 = v-s-1 & p_{11}^2 = \beta, \end{matrix}$ ("Typ A")

soferne die 1. Assoziierten gekreuzt werden, bzw.:

(6.18b') $\begin{matrix} \lambda_1 = 0 & n_1 = v-s-1 & p_{22}^2 = \alpha \\ \lambda_2 = 1 & n_2 = s & p_{22}^1 = \beta, \end{matrix}$ ("Typ B")

soferne die 2. Assoziierten gekreuzt werden.

Untersuchen wir allgemein Pläne vom Typ A, so können wir den möglichen Wertebereich für α einschränken auf

(6.19) $s-1-\min[s-1, v-s-1] \leqslant \alpha \leqslant s-2$:

Hat nämlich ein PBIB(2)-Plan $p_{12}^1 = 0$, so ist er teilbar; bei einem teilbaren Plan mit $p_{12}^1 = 0$, $\lambda_1 > \lambda_2 = 0$ können Paare von Verfahren verschiedener Gruppen nie zusammen im gleichen Block vorkommen: der Plan wäre somit nicht verbunden. Wir verlangen somit $p_{12}^1 = s-\alpha-1 \geqslant 1$ (und diskutieren somit auch keine teilbaren Pläne vom Typ A). Mit $p_{12}^1 \geqslant 1$ und (3.1d) erhalten wir:

(6.20) $p_{11}^1 \leqslant n_1 - 2$

Entsprechend liefert (3.1d) und $p_{11}^1 \geqslant 0$

(6.21) $\quad p_{12}^{1} \leq n_1 - 1$

Wieder mit (3.1d), $p_{12}^{1} = p_{21}^{1}$ und $p_{22}^{1} \geq 0$ erhält man

(6.22) $\quad p_{12}^{1} \leq n_2$

Da (6.21) und (6.22) gleichzeitig gelten müssen, hat man schließlich zusammen mit $p_{12}^{1} \geq 1$

(6.23) $\quad 1 \leq p_{12}^{1} \leq \min\,[n_1-1, n_2]$

und daraus

(6.24) $\quad n_1-1-\min\,[n_1-1,n_2] \leq p_{11}^{1} \leq n_1-2$

bzw. mit den Parametern aus (6.18b) das behauptete Ergebnis (6.19).

Wir untersuchen nun speziell:

(a) teilbare Pläne

Teilbare Pläne sind nach Abschn. 3.2a Pläne für $v = nm$ Verfahren. Jeder Stamm wird dann mit $n_2 = s = n(m-1)$ anderen Stämmen gekreuzt ("Typ B"). $|NN| > 0$ ("regulärer Fall") erfordert nach (3.15) lediglich:

(6.25) $\quad 0 < s \neq mn/2$,

was mit den Parametern des Assoziationsschemas ohnehin gewährleistet ist.

Einen konkreten Plan erhält man, indem man jeden Stamm einer Gruppe mit allen anderen Stämmen aller anderen Gruppen kreuzt: so etwa wären für (m,n) = (3,2) folgende Kreuzungen für einen Kreuzungsplan mit (v,s) = (6,4) durchzuführen

Stamm	1	2	3	4	5	6
1		-	x	x	x	x
2	-		x	x	x	x
3	x	x		-	x	x
4	x	x	-		x	x
5	x	x	x	x		-
6	x	x	x	x	-	

(vgl. Plan R 18, Tab.5/Anh

Mit $\alpha = p_{22}^{2} = n(m-2)$

$\beta = p_{22}^{1} = n(m-1)$

$s = n(m-1)$, $v = nm$

ist dann entsprechend (6.16):

$$c = \frac{\beta}{2s[2s(s-1)-(v-2)\beta]} = \frac{1}{2n^2(m-1)(m-2)}$$

$$b = \frac{\beta-2s}{2s[2s(s-1)-(v-2)\beta]} = \frac{-1}{2n^2(m-1)(m-2)}$$

$$a = \frac{2s(2s-1)-\beta(2v-3)}{2s[2s(s-1)-(v-2)\beta]} = \frac{2n(m-2)+1}{2n^2(m-1)(m-2)}$$

Weiters ist mit (6.12):

$$V_1 = \frac{2(nm-2n+1)}{n^2(m-1)(m-2)}\,\sigma_f^2 \quad , \quad V_2 = \frac{2}{n(m-1)}\,\sigma_f^2$$

und:

$$\bar{V} = \frac{sV_1+(v-s-1)V_2}{v-1} = \frac{2[nm(m-2) + 1]}{n(m-1)(m-2)(nm-1)}$$

(b) Dreieckspläne

Dreieckspläne sind nach Abschn. 3.2.b Pläne für $v = \binom{n}{2}$; $n \geq 5$ Verfahren. Jeder Stamm wid mit $n_1 = s = 2(n-2)$ ("Typ A") bzw. $n_2 = s = \frac{(n-2)(n-3)}{2}$ ("Typ B") anderen Stämmen gekreuzt. $n \geq 5$ gewährleistet in jedem Fall $|NN'| > 0$.

Einen konkreten Plan konstruiert man, indem man alle jene Paare von Verfahren bildet (Kreuzungen durchführt), die im Dreiecks-Assoziationsschema in der gleichen Zeile oder Spalte ("Typ A") bzw. eben nicht in der gleichen Zeile oder Spalte ("Typ B") vorkommen: so etwa wären für n = 5 und dem auf S. 67 angeführten Assoziationsschema folgende Kreuzungen für einen Kreuzungsplan nach Typ A mit (v,s) = (10,6) durchzuführen:

Stamm	1	2	3	4	5	6	7	8	9	10
1		x	x	x	x	x	x	-	-	-
2	x		x	x	x	-	-	x	x	-
3	x	x		x	-	x	-	x	-	x
4	x	x	x		-	-	x	-	x	x
5	x	x	-	-		x	x	x	x	-
6	x	-	x	-	x		x	x	-	x
7	x	-	-	x	x	x		-	x	x
8	-	x	x	-	x	x	-		x	x
9	-	x	-	x	x	-	x	x		x
10	-	-	x	x	-	x	x	x	x	

(vgl. Plan D1, Tab.5/Anh.)

Einen Kreuzungsplan vom Typ B mit $(v,s) = (10,3)$ erhielte man, wenn man in diesem Beispiel "-" durch "x" ersetzt und umgekehrt (vgl. Plan D 2, Tab. 5/Anhang).

$$\text{Mit}\quad \left.\begin{aligned} \alpha &= p_{11}^{1} = n-2 \\ \beta &= p_{11}^{2} = 4 \\ s &= 2(n-2) \end{aligned}\right\} \quad \text{resp.} \quad \left\{\begin{aligned} \alpha &= p_{22}^{2} = \frac{(n-4)(n-5)}{2} \\ \beta &= p_{22}^{1} = \frac{(n-3)(n-4)}{2} \\ s &= \frac{(n-2)(n-3)}{2} \end{aligned}\right.$$

(Typ A) (Typ B)

ist dann entsprechend (6.16), (6.12):

	Typ A	Typ B
c	$\frac{1}{2(n-2)(n-3)(3n-8)}$	$\frac{2}{(n-2)(n-3)(n^2-5n+8)}$
b	$\frac{-1}{2(n-2)(3n-8)}$	$\frac{-2n}{(n-2)(n-3)(n-4)(n^2-5n+8)}$
a	$\frac{3n-7}{2(n-2)(3n-8)}$	$\frac{2\,[(n-4)(n^2-5n+8)+n]}{(n-2)(n-3)(n-4)(n^2-5n+8)}$
V_1	$\frac{3}{3n-8}\,\sigma_f^2$	$\frac{4(n^2-7n+16)}{(n-3)(n-4)(n^2-5n+8)}\,\sigma_f^2$
V_2	$\frac{3n-10}{(n-3)(3n-8)}\,\sigma_f^2$	$\frac{4(n^2-7n+14)}{(n-3)(n-4)(n^2-5n+8)}\,\sigma_f^2$
$\bar{V}$	$\frac{3n+2}{(3n-8)(n+1)}\,\sigma_f^2$	$\frac{4(n^3-6n^2+9n+8)}{(n^2-5n+8)(n-3)(n-4)(n+1)}\,\sigma_f^2$

(c) Quadratpläne

Quadratpläne sind nach Abschn. 3.2c Pläne für $v=n^2$ ($n \geq 3$) Verfahren. Alle bekannten Quadratpläne für k=2 sind $L_2(n)$-Pläne. Jeder Stamm wird sodann mit $n_1=s=i(n-1)=2(n-1)$ ("Typ A") bzw. $n_2=s=(n-1)(n-i+1)=$ $=(n-1)^2$ anderen Stämmen gekreuzt. Einen konkreten Plan konstruiert man, indem man jeden Stamm mit all jenen anderen Stämmen kreuzt, die im Assoziationsschema in der gleichen Zeile oder Spalte ("Typ A") bzw. die eben nicht in der gleichen Zeile oder Spalte ("Typ B") vorkommen: so etwa wären für n=3 folgende Kreuzungen für einen Kreuzungsplan mit (v,s) = (9,4) durchzuführen:

Stamm	1	2	3	4	5	6	7	8	9
1		x	x	x	-	-	x	-	-
2	x		x	-	x	-	-	x	-
3	x	x		-	-	x	-	-	x
4	x	-	-		x	x	x	-	-
5	-	x	-	x		x	-	x	-
6	-	-	x	x	x		-	-	x
7	x	-	-	x	-	-		x	x
8	-	x	-	-	x	-	x		x
9	-	-	x	-	-	x	x	x	

(vgl. Plan Q 2, Tab.5/Anh.)

Einen Kreuzungsplan vom Typ B mit (v,s) = (9,4) erhielte man, wenn man in diesem Beispiel "-" durch "x" ersetzt und umgekehrt (vgl. Plan Q 1, Tab. 5/Anhang). Da aber für n=3 gilt

$$p_{11}^2 = p_{22}^1 \quad , \quad n_1 = n_2$$

sind diese beiden Pläne als äquivalent zu betrachten.

$$\text{Mit}\quad \left.\begin{aligned} \alpha &= p_{11}^{1} = i^2-3i+n = n-2 \\ \beta &= p_{11}^{2} = i(i-1) = 2 \\ s &= n_1 = i(n-1) = 2(n-1) \end{aligned}\right\}\text{resp.}\left\{\begin{aligned} \alpha &= p_{22}^{2} = (n-i)^2+i-2 = (n-2)^2 \\ \beta &= p_{22}^{1} = (n-i)(n-i+1)=(n-2)(n-1) \\ s &= n_2 = (n-1)(n-i+1) = (n-1)^2 \end{aligned}\right.$$

(Typ A) (Typ B)

ist dann entsprechend (6.16), (6.12):

	Typ A	Typ B
c	$\frac{1}{4(n-1)(n-2)(3n-4)}$	$\frac{1}{2(n-1)^2(n^2-2n+2)}$
b	$-\frac{2n-3}{4(n-1)(n-2)(3n-4)}$	$\frac{-n}{2(n-1)^2(n-2)(n^2-2n+2)}$
a	$\frac{6n^2-18n+13}{4(n-1)(n-2)(3n-4)}$	$\frac{2n^3-8n^2+13n-8}{2(n-1)^2(n-2)(n^2-2n+2)}$
V_1	$\frac{3n^2-8n+5}{(n-1)(n-2)(3n-4)}\sigma_f^2$	$\frac{2(n^2-3n+4)}{(n-1)(n-2)(n^2-2n+2)}\sigma_f^2$
V_2	$\frac{3n^2-9n+6}{(n-1)(n-2)(3n-4)}\sigma_f^2$	$\frac{2(n^2-3n+3)}{(n-1)(n-2)(n^2-2n+2)}\sigma_f^2$
$\bar{V}$	$\frac{3n^2-3n-4}{(n-2)(3n-4)(n+1)}\sigma_f^2$	$\frac{2(n^3-2n^2+n+2)}{(n+1)(n-1)(n-2)(n^2-2n+2)}\sigma_f^2$

(d) Zyklische Pläne

Alle bekannten zyklischen PBIB(2)-Pläne sind Pläne für v = 4t+1 Verfahren mit t so, daß v eine Primzahl ist (t =1,3,...). Wegen $n_1=n_2$, $p^2_{11}=p^1_{22}$ genügt es, einen Plantyp - etwa Typ A - zu behandeln. Jeder Stamm wird sodann mit n_1 = 2t anderen Stämmen gekreuzt. Einen konkreten Plan konstruiert man, indem man jeden Stamm i mit den Stämmen $i+d_1 \ldots, i+d_{2t}$ kreuzt, wobei die d_i die in Abschn. 3.2d gestellten Forderungen erfüllen müssen: so etwa wären für t=1 folgende Kreuzungen für einen Kreuzungsplan mit (v,s) = (5,2) durchzuführen:

Stamm	0	1	2	3	4
0		-	x	x	-
1	-		-	x	x
2	x	-		-	x
3	x	x	-		-
4	-	x	x	-	

(vgl. Plan Z1, Tab. 5/Anh.)

Mit $\alpha = p^1_{11} = t - 1$

$$\beta = p^2_{11} = t$$

$$s = n_1 = 2t$$

ist dann wieder entsprechend (6.16), (6.12):

$$c = \frac{1}{4t(4t-3)} \qquad b = \frac{-3}{4t(4t-3)} \qquad a = \frac{8t-3}{4t(4t-3)}$$

und:

$$V_1 = \frac{4}{4t-3}\,\sigma_f^2 \qquad V_2 = \frac{4t-2}{t(4t-3)}\,\sigma_f^2 \qquad \bar{V} = \frac{4t-1}{t(4t-3)}\,\sigma_f^2$$

6.3.2.2. Experimente auf der Basis von allgemeinen zyklischen Plänen

Wenden wir die in Abschn. 4 beschriebenen allgemeinen zyklischen Pläne auf Kreuzungsexperimente an, so kann $Var(\hat{g}_i - \hat{g}_j)$ einen von maximal v/2 möglichen Werten annehmen. Wir gehen dann von folgendem Kreuzungsplan aus:

$$\left.\begin{array}{l} \text{Stamm } 0 \times d_1+0,\quad d_2+0,\ \ldots,\ d_s+0 \\ \vdots \\ \text{Stamm } i \times d_1+i,\quad d_2+i,\ \ldots,\ d_s+i \\ \vdots \\ \text{Stamm } v-1 \times d_1+(v-1), d_2+(v-1), \ldots, d_s+(v-1) \end{array}\right\} \text{modulo } v$$

Dieser Plan ist äquivalent mit der zyklischen Entwicklung der Blöcke:

$$\begin{pmatrix}0\\f_1\end{pmatrix}, \ldots\ldots, \begin{pmatrix}0\\f_\alpha\end{pmatrix} \quad \text{mit } \alpha = \begin{cases} s/2 \ \ldots\ldots\ \text{s gerade} \\ (s+1)/2 \ \ldots\ \text{s ungerade} \end{cases}$$

und: $d_i = f_j \quad (i=1,\ldots,\alpha;\ j=1,\ldots,\alpha)$

$d_i = v-f_j \quad (i=\alpha+1,\ldots,2\alpha;\ j=1,\ldots,\alpha)$, wobei bei ungeradem s irgendein d_i $(i=\alpha+1,\ldots,2\alpha)$ gleich irgendeinem anderen d_i $(i=1,\ldots,\alpha)$ ist.

Betrachten wir dazu als Beispiel folgenden Plan für $(v,s) = (8,3)$: $(f_1,f_2) = (1,4)$ liefert den Plan

0	1	2	3	4	5	6	7	0	1	2	3	4	5	6	7
1	2	3	4	5	6	7	0	4	5	6	7	0	1	2	3

Den gleichen Plan erhält man für $(d_1,d_2,d_3) = (1,4,7)$.

Wir beachten wieder, daß v und s nicht gleichzeitig ungerade sein können. NN' hat die Elemente:

$$(NN')_{ij} =: a_{ij} = \begin{cases} s = a_0 & \ldots\ i = j \\ 1 & \ldots\ldots i \text{ x } j \\ 0 & \ldots\ldots \text{sonst} \end{cases}$$

Im übrigen gelten für NN' und $(NN')^{-1}$ die in Abschn. 4 erläuterten Eigenschaften; insbesondere ist $NN' =: (a_{ij})$ eine symmetrische zyklische Matrix mit dem allgemeinen Element $a_l := a_{|i-j|} := a_{ij}$ und $a_l = a_{v-l}$ $(l=1,\ldots,v-1)$. Mit NN' ist auch $(NN')^{-1} =: (a^{ij})$ (falls ex.) eine symmetrische zyklische Matrix, deren Elemente a^{ij} wieder nur von $|i-j|$ abhängen: $a^{ij} = a^{|i-j|}$.

Zur Berechnung von $\bar{V}$ benötigen wir wieder nur das Diagonalelement a^0 von $(NN')^{-1}$:

$$Var\,(\hat{g}_i-\hat{g}_j) = 2\,(a^o-a^{|i-j|})\,\sigma_f^2;$$

$$\bar{V} = \frac{1}{\binom{v}{2}} \sum_{i=1}^{v} \sum_{j>i} Var\,(\hat{g}_i-\hat{g}_j) =$$

$$= \frac{4\sigma_f^2}{v(v-1)} \Big[\underbrace{\sum_i \sum_{j>i} a^o}_{\binom{v}{2} a^o} - \underbrace{\sum_i \sum_{j>i} a^{|i-j|}}_{\frac{1}{2}[v(\frac{1}{2s} - a^o)]} \Big] \Rightarrow \qquad \text{(wegen } \sum_{j=1}^{v} a^{ij} = \frac{1}{2s}\text{)}$$

(6.26) $$\bar{V} = 2\sigma_f^2 \Big[\frac{va^o}{v-1} - \frac{1}{2s(v-1)} \Big]$$

a^o kann dabei über die Eigenwerte Ψ_j $(j=1,\ldots,v)$ von NN' angegeben werden: bei zyklischen Matrizen haben die Eigenwerte folgende Darstellung (vgl. etwa Zurmühl (1964)):

$$\Psi_j = a_o + a_1 w_j + a_2 w_j^2 + \ldots + a_{v-1} w_j^{v-1} \qquad (j=1,\ldots,v)$$

mit:

$$w_j = \exp\,(\frac{2\pi j}{v}\,i) = \cos\frac{2\pi j}{v} + i\,\sin\frac{2\pi j}{v} \qquad (j=1,\ldots,v)$$

Da reelle symmetrische Matrizen nur reelle Eigenwerte haben können und wegen $a_l = a_{v-l}$ $(l=1,\ldots,v-1)$ ist:

$$\Psi_j = a_o + 2a_1 \cos\frac{2\pi j}{v} + 2a_2 \cos\frac{4\pi j}{v} + \ldots$$

Wegen $sp\,(NN') = \sum_{j=1}^{v} \Psi_j$ ist $a_o = s = \frac{1}{v} \sum_{j=1}^{v} \Psi_j$;

$(NN')^{-1}$ hat die Eigenwerte $\xi_j = 1/\Psi_j$, sodaß:

(6.27) $$a^o = \frac{1}{v} \sum_{i=1}^{v} 1/\Psi_j$$

Bei der Wahl eines auf einem allgemeinen zyklischen Plan beruhenden Kreuzungsplans mit gegebenen Parametern (v,s) wird man wieder trachten, daß $\bar{V}$ möglichst klein ausfällt. Wir betrachten dazu abschließend folgendes Beispiel:

Für (v,s) = (10,4) betrachten wir zwei mögliche Pläne:

<u>Plan 1</u>:

Mit $(d_1,\dots,d_4) = (1,4,6,9)$ hat man den Plan

Stamm	0	1	2	3	4	5	6	7	8	9
0		x	-	-	x	-	x	-	-	x
1	x		x	-	-	x	-	x	-	-
2	-	x		x	-	-	x	-	x	-
3	-	-	x		x	-	-	x	-	x
4	x	-	-	x		x	-	-	x	-
5	-	x	-	-	x		x	-	-	x
6	x	-	x	-	-	x		x	-	-
7	-	x	-	x	-	-	x		x	-
8	-	-	x	-	x	-	-	x		x
9	x	-	-	x	-	x	-	-	x	

Für diesen Plan ist $a^o = 0{,}4370$ und damit $\bar{V}_{(1)} = 0{,}9444\sigma_f^2$.

Plan 2:

Mit $(d_1,\ldots d_4) = (2,4,6,8)$ hat man den Plan

Stamm	0	1	2	3	4	5	6	7	8	9
0		-	X	-	X	-	X	-	X	-
1	-		-	X	-	X	-	X	-	X
2	X	-		-	X	-	X	-	X	-
3	-	X	-		-	X	-	X	-	X
4	X	-	X	-		-	X	-	X	-
5	-	X	-	X	-		-	X	-	X
6	X	-	X	-	X	-		-	X	-
7	-	X	-	X	-	X	-		-	X
8	X	-	X	-	X	-	X	-		-
9	-	X	-	X	-	X	-	X	-	

(vgl. Plan AZ 16, Tab. 6/Anh.)

Für diesen Plan ist $a^0 = 0{,}29167$ und damit $\bar{V}_{(2)} = 0{,}6204\sigma_f^2$.

Anhang: Tabellen zu den Plänen[1)]

Tab. 1: BIB-Pläne für $v \leq 16$

Tab. 1 enthält die Parameter und den Effizienzfaktor für ausgesuchte BIB-Pläne. Es sind keine Pläne enthalten, die durch "Ver-x-fachung" eine anderen Plans entstehen
(Ver-x-fachen: $v^* = v$, $k^* = k$
$r^* = rx$, $b^* = bx$, $\lambda^* = \lambda x$)

Quelle:

Cochran, W.G. & Cox, G.M. (1957)
Fisher, R.A. & Yates, F. (1963)
Rasch, D.; Herrendörfer, G.; Bock, J. & Busch, K. (1978)

Tab. 2: PBIB(2)-Pläne für $v \leq 16$

Tab. 2 enthält die Parameter und den Effizienzfaktor für ausgesuchte PBIB(2)-Pläne.

Quelle:

Bose, R.C.; Clatworthy, W.H. & Shrikhande, S.S. (1954)
Clatworthy, W.H. (1956)
Clatworthy, W.H. (1973)
Freeman, G.H. (1976)
John, J.A. & Turner, G. (1977)
Dey, A. (1977)
John, J.A. & Mitchell, T.J. (1977)
Rasch, D.; Herrendörfer, G.; Bock, J. & Busch, K. (1978)

---

1) Alle angeführten Pläne liegen beim Verfasser auf

Tab. 3: Allgemeine zyklische Pläne für $v \leq 16$

Tab. 3 enthält die Parameter und den Effizienzfaktor für ausgesuchte allgemeine zyklische Pläne.

Quelle:
David, H.A. & Wolock, F.W. (1965)
John, J.A. (1966)
John, J.A.; David, H.A. & Wolock, F.W. (1972)
John, J.A. & Mitchell, T.J. (1977)

Tab. 4: Pläne für vollständige diallele Kreuzungsexperimente ($v \leq 16$ Stämme)

Tab. 4 enthält v, die Elemente a^{ii}, a^{ij} der Inversen der Interblockmatrix und $\bar{V} = Var(\hat{g}_i - \hat{g}_j)$

Tab. 5: Pläne für unvollständige diallele Kreuzungsexperimente auf der Basis von PBIB(2)-Plänen

Tab. 5 enthält v,s, die Elemente a,b,c der Inversen der Interblockmatrix, sowie V_1, V_2 und $\bar{V}$. Die "Plannummer" bezieht sich auf den jeweiligen Plan in Tab. 2.

Tab. 6: Pläne für unvollständige diallele Kreuzungsexperimente auf der Basis von allgemeinen zyklischen Plänen

Tab. 6 enthält v,s und die ersten m Elemente der Interblockmatrix, sowie $\bar{V}$. Angeführt sind nurPläne mit einem minimalen Wert für $\bar{V}$

Dabei ist $m = \begin{cases} (v+2)/2 \text{ ...... v gerade} \\ (v+1)/2 \text{ ...... v ungerade} \end{cases}$

Tab. 1

Nr.	v	r	k	b	λ	E	Nr.	v	r	k	b	λ	E
B 1	3	2	2	3	1	0.7500	B31	11	20	4	55	6	0.8250
B 2	4	3	2	6	1	0.6667	B32	12	11	4	33	3	0.8182
B 3	5	4	2	10	1	0.6250	B33	13	4	4	13	1	0.8125
B 4	6	5	2	15	1	0.6000	B34	16	5	4	20	1	0.8000
B 5	7	6	2	21	1	0.5833	B35	6	5	5	6	4	0.9600
B 6	8	7	2	28	1	0.5714	B36	9	10	5	18	5	0.9000
B 7	9	8	2	36	1	0.5625	B37	10	9	5	18	4	0.8889
B 8	10	9	2	45	1	0.5556	B38	11	5	5	11	2	0.8800
B 9	11	10	2	55	1	0.5500	B39	13	15	5	39	5	0.8667
B10	12	11	2	66	1	0.5455	B40	16	15	5	48	4	0.8533
B11	13	12	2	78	1	0.5417	B41	7	6	6	7	5	0.9722
B12	14	13	2	91	1	0.5385	B42	9	8	6	12	5	0.9375
B13	4	3	3	4	2	0.8889	B43	10	9	6	15	5	0.9259
B14	5	6	3	10	3	0.8333	B44	11	6	6	11	3	0.9167
B15	6	5	3	10	2	0.8000	B45	12	11	6	22	5	0.9091
B16	6	10	3	20	4	0.8000	B46	13	12	6	26	5	0.9028
B17	7	3	3	7	1	0.7778	B47	15	14	6	35	5	0.8929
B18	9	4	3	12	1	0.7500	B48	16	6	6	16	2	0.8889
B19	10	9	3	30	2	0.7407	B49	16	9	6	24	3	0.8889
B20	11	15	3	55	3	0.7333	B50	16	15	6	40	5	0.8889
B21	12	11	3	44	2	0.7273	B51	8	7	7	8	6	0.9796
B22	13	6	3	26	1	0.7222	B52	15	7	7	15	3	0.9184
B23	15	7	3	35	1	0.7143	B53	9	8	8	9	7	0.9844
B24	16	15	3	80	2	0.7111	B54	15	8	8	15	4	0.9375
B25	5	4	4	5	3	0.9375	B55	16	15	8	30	7	0.9333
B26	6	10	4	15	6	0.9000	B56	10	9	9	10	8	0.9877
B27	7	4	4	7	2	0.8750	B57	13	9	9	13	6	0.9630
B28	8	7	4	14	3	0.8571	B58	11	10	10	11	9	0.9900
B29	9	8	4	18	3	0.8438	B59	13	20	10	26	15	0.9750
B30	10	6	4	15	2	0.8333	B60	16	10	10	16	6	0.9600

Tab. 2A: Singuläre teilbare Pläne

Nr.	v	r	k	b	m	n	λ_1	λ_2	E
S 1	6	2	4	3	3	2	2	1	0.8824
S 2	6	4	4	6	3	2	4	2	0.8824
S 3	6	6	4	9	3	2	6	3	0.8824
S 4	6	8	4	12	3	2	8	4	0.8824
S 5	6	10	4	15	3	2	10	5	0.8824
S 6	8	3	4	6	4	2	3	1	0.8235
S 7	8	6	4	12	4	2	6	2	0.8235
S 8	8	9	4	18	4	2	9	3	0.8235
S 9	10	4	4	10	5	2	4	1	0.7895
S10	10	8	4	20	5	2	8	2	0.7895
S11	12	5	4	15	6	2	5	1	0.7674
S12	12	10	4	30	6	2	10	2	0.7674
S13	14	6	4	21	7	2	6	1	0.7521
S14	16	7	4	28	8	2	7	1	0.7407
S15	8	3	6	4	4	2	3	2	0.9492
S16	8	6	6	8	4	2	6	4	0.9492
S17	8	9	6	12	4	2	9	6	0.9492
S18	9	2	6	3	3	3	2	1	0.9231
S19	9	4	6	6	3	3	4	2	0.9231
S20	9	6	6	9	3	3	6	3	0.9231
S21	9	8	6	12	3	3	8	4	0.9231
S22	9	10	6	15	3	3	10	5	0.9231
S23	10	6	6	10	5	2	6	3	0.9184
S24	12	3		6	4	3	3		0.8800
S25	12	5	6	10	6	2	5	2	0.8980
S26	12	6	6	12	4	3	6	2	0.8800
S27	12	9	6	18	4	3	9	3	0.8800
S28	12	10	6	20	6	2	10	4	0.8980
S29	14	3	6	7	7	2	3	1	0.8835
S30	14	6	6	14	7	2	6	2	0.8835
S31	14	9	6	21	7	2	9	3	0.8835
S32	15	4	6	10	5	3	4	1	0.8537
S33	15	8	6	20	5	3	8	2	0.8537
S34	10	4	8	5	5	2	4	3	0.9712
S35	10	8	8	10	5	2	8	6	0.9712
S36	12	2	8	3	3	4	2	1	0.9429
S37	12	4	8	6	3	4	4	2	0.9429
S38	12	6	8	9	3	4	6	3	0.9429
S39	12	8	8	12	3	4	8	4	0.9429
S40	12	10	8	15	3	4	10	5	0.9429
S41	12	10	8	15	6	2	10	6	0.9519
S42	14	4	8	7	7	2	4	2	0.9381
S43	14	8	8	14	7	2	8	4	0.9381
S44	16	3	8	6	4	4	3	1	0.9091
S45	16	6	8	12	4	4	6	2	0.9091
S46	16	7	8	14	8	2	7	3	0.9278
S47	16	9	8	18	4	4	9	3	0.9091
S48	12	3	9	4	4	3	3	2	0.9670
S49	12	6	9	8	4	3	6	4	0.9670
S50	12	9	9	12	4	3	9	6	0.9670
S51	15	6	9	10	5	3	6	3	0.9459
S52	12	5	10	6	6	2	5	4	0.9814
S53	12	10	10	12	6	2	10	8	0.9814
S54	15	2	10	3	3	5	2	1	0.9545
S55	15	4	10	6	3	5	4	2	0.9545
S56	15	6	10	9	3	5	6	3	0.9545
S57	15	8	10	12	3	5	8	4	0.9545
S58	15	10	10	15	3	5	10	5	0.9545

Tab. 2B: Semireguläre teilbare Pläne

Nr.	v	r	k	b	m	n	λ_1	λ_2	E
SR 1	4	2	2	4	2	2	0	1	0.6000
SR 2	4	4	2	8	2	2	0	2	0.6000
SR 3	4	6	2	12	2	2	0	3	0.6000
SR 4	4	8	2	16	2	2	0	4	0.6000
SR 5	4	10	2	20	2	2	0	5	0.6000
SR 6	6	3	2	9	2	3	0	1	0.5556
SR 7	6	6	2	18	2	3	0	2	0.5556
SR 8	6	9	2	27	2	3	0	3	0.5556
SR 9	8	4	2	16	2	4	0	1	0.5385
SR10	8	8	2	32	2	4	0	2	0.5385
SR11	10	5	2	25	2	5	0	1	0.5294
SR12	10	10	2	50	2	5	0	2	0.5294
SR13	12	6	2	36	2	6	0	1	0.5238
SR14	14	7	2	49	2	7	0	1	0.5200
SR15	16	8	2	64	2	8	0	1	0.5172
SR16	6	2	3	4	3	2	0	1	0.7692
SR17	6	4	3	8	3	2	0	2	0.7692
SR18	6	6	3	12	3	2	0	3	0.7692
SR19	6	8	3	16	3	2	0	4	0.7692
SR20	6	10	3	20	3	2	0	5	0.7692
SR21	9	3	3	9	3	3	0	1	0.7273
SR22	9	6	3	18	3	3	0	2	0.7273
SR23	9	9	3	27	3	3	0	3	0.7273
SR24	12	4	3	16	3	4	0	1	0.7097
SR25	12	8	3	32	3	4	0	2	0.7097
SR26	15	5	3	25	3	5	0	1	0.7000
SR27	15	10	3	50	3	5	0	2	0.7000
SR28	6	6	4	9	2	3	3	4	0.8974
SR29	8	4	4	8	4	2	0	2	0.8400
SR30	8	6	4	12	4	2	0	3	0.8400
SR31	8	6	4	12	2	4	2	3	0.8537
SR32	8	8	4	16	4	2	0	4	0.8400
SR33	8	10	4	20	4	2	0	5	0.8400
SR34	12	3	4	9	4	3	0	1	0.8049
SR35	12	6	4	18	4	3	0	2	0.8049
SR36	12	9	4	27	4	3	0	3	0.8049
SR37	16	4	4	16	4	4	0	1	0.7895
SR38	16	8	4	32	4	4	0	2	0.7895
SR39	10	4	5	8	5	2	0	2	0.8780
SR40	10	6	5	12	5	2	0	3	0.8780
SR41	10	8	5	16	5	2	0	4	0.8780
SR42	10	10	5	20	5	2	0	5	0.8780
SR43	15	6	5	18	5	3	0	2	0.8485
SR44	15	9	5	27	5	3	0	3	0.8485
SR45	9	6	6	9	3	3	3	4	0.9362
SR46	12	4	6	8	6	2	0	2	0.9016
SR47	12	6	6	12	6	2	0	3	0.9016
SR48	12	6	6	12	3	4	2	3	0.9072
SR49	12	8	6	16	6	2	0	4	0.9016
SR50	12	10	6	20	6	2	0	5	0.9016
SR51	12	10	6	20	2	6	4	5	0.9083
SR52	14	4	7	8	7	2	0	2	0.9176
SR53	14	6	7	12	7	2	0	3	0.9176
SR54	14	8	7	16	7	2	0	4	0.9176
SR55	14	10	7	20	7	2	0	5	0.9176
SR56	12	6	8	9	4	3	3	4	0.9538
SR57	16	6	8	12	8	2	0	3	0.9292
SR58	16	8	8	16	8	2	0	4	0.9292
SR59	16	10	8	20	8	2	0	5	0.9292

Tab. 2C: Reguläre teilbare Pläne

Nr.	v	r	k	b	m	n	λ_1	λ_2	E
R 1	4	4	2	8	2	2	2	1	0.6429
R 2	4	5	2	10	2	2	3	1	0.6000
R 3	4	5	2	10	2	2	1	2	0.6545
R 4	4	6	2	12	2	2	4	1	0.5556
R 5	4	7	2	14	2	2	5	1	0.5143
R 6	4	7	2	14	2	2	3	2	0.6593
R 7	4	7	2	14	2	2	1	3	0.6429
R 8	4	8	2	16	2	2	6	1	0.4773
R 9	4	8	2	16	2	2	4	2	0.6429
R 10	4	8	2	16	2	2	2	3	0.6618
R 11	4	9	2	18	2	2	7	1	0.4444
R 12	4	9	2	18	2	2	5	2	0.6222
R 13	4	9	2	18	2	2	1	4	0.6349
R 14	4	10	2	20	2	2	8	1	0.4154
R 15	4	10	2	20	2	2	6	2	0.6000
R 16	4	10	2	20	2	2	4	3	0.6632
R 17	4	10	2	20	2	2	2	4	0.6545
R 18	6	4	2	12	3	2	0	1	0.5769
R 19	6	6	2	18	3	2	2	1	0.5882
R 20	6	7	2	21	2	3	2	1	0.5844
R 21	6	7	2	21	3	2	3	1	0.5639
R 22	6	8	2	24	3	2	4	1	0.5357
R 23	6	8	2	24	3	2	0	2	0.5769
R 24	6	8	2	24	2	3	1	2	0.5921
R 25	6	9	2	27	2	3	3	1	0.5556
R 26	6	9	2	27	3	2	5	1	0.5072
R 27	6	9	2	27	3	2	1	2	0.5952
R 28	6	10	2	30	3	2	6	1	0.4800
R 29	8	6	2	24	4	2	0	1	0.5600
R 30	8	8	2	32	4	2	2	1	0.5645
R 31	8	9	2	36	4	2	3	1	0.5490
R 32	8	10	2	40	2	4	2	1	0.5600
R 33	8	10	2	40	4	2	4	1	0.5297
R 34	9	6	2	27	3	3	0	1	0.5455
R 35	9	10	2	45	3	3	2	1	0.5538
R 36	10	8	2	40	5	2	0	1	0.5488
R 37	10	10	2	50	5	2	2	1	0.5510
R 38	12	8	2	48	3	4	0	1	0.5323
R 39	12	9	2	54	4	3	0	1	0.5366
R 40	12	10	2	60	6	2	0	1	0.5410

Nr.	v	r	k	b	m	n	λ_1	λ_2	E
R 41	15	10	2	75	3	5	0	1	0.5250
R 42	6	3	3	6	3	2	2	1	0.7843
R 43	6	6	3	12	2	3	3	2	0.7937
R 44	6	6	3	12	3	2	4	2	0.7843
R 45	6	7	3	14	2	3	4	2	0.7792
R 46	6	7	3	14	3	2	2	3	0.7973
R 47	6	8	3	16	2	3	5	2	0.7609
R 48	6	8	3	16	3	2	4	3	0.7979
R 49	6	9	3	18	2	3	6	2	0.7407
R 50	6	9	3	18	3	2	6	3	0.7843
R 51	6	9	3	18	3	2	2	4	0.7937
R 52	6	9	3	18	2	3	3	4	0.7977
R 53	6	10	3	20	2	3	7	2	0.7200
R 54	8	3	3	8	4	2	0	1	0.7467
R 55	8	6	3	16	4	2	0	2	0.7467
R 56	8	9	3	24	4	2	6	2	0.7320
R 57	8	9	3	24	4	2	0	3	0.7467
R 58	8	9	3	24	2	4	2	3	0.7588
R 59	9	5	3	15	3	3	2	1	0.7385
R 60	9	6	3	18	3	3	3	1	0.7143
R 61	9	7	3	21	3	3	4	1	0.6857
R 62	9	7	3	21	3	3	1	2	0.7453
R 63	9	8	3	24	3	3	5	1	0.6563
R 64	9	9	3	27	3	3	6	1	0.6275
R 65	9	9	3	27	3	3	3	2	0.7467
R 66	9	10	3	30	3	3	7	1	0.6000
R 67	9	10	3	30	3	3	4	2	0.7385
R 68	9	10	3	30	3	3	1	3	0.7412
R 69	10	6	3	20	5	2	4	1	0.7018
R 70	12	5	3	20	6	2	0	1	0.7213
R 71	12	6	3	24	6	2	2	1	0.7230
R 72	12	7	3	28	3	4	2	1	0.7184
R 73	12	7	3	28	6	2	4	1	0.6984
R 74	12	8	3	32	2	6	2	1	0.7174
R 75	12	9	3	36	4	3	0	2	0.7154
R 76	12	10	3	40	3	4	4	1	0.6769
R 77	12	10	3	40	6	2	0	2	0.7213
R 78	12	10	3	40	4	3	1	2	0.7247
R 79	14	6	3	28	7	2	0	1	0.7137
R 80	14	9	3	42	7	2	6	1	0.6685

R 81	15	6	3	30	5	3	0	1	0.7071
R 82	15	8	3	40	5	3	2	1	0.7095
R 83	15	9	3	45	3	5	2	1	0.7071
R 84	15	9	3	45	5	3	3	1	0.6980
R 85	15	10	3	50	5	3	4	1	0.6829
R 86	16	6	3	32	4	4	0	1	0.7018
R 87	16	9	3	48	4	4	2	1	0.7055
R 88	6	4	4	6	2	3	3	2	0.8929
R 89	6	8	4	12	2	3	6	4	0.8929
R 90	6	8	4	12	3	2	4	5	0.8990
R 91	8	5	4	10	4	2	3	2	0.8542
R 92	8	8	4	16	2	4	4	3	0.8547
R 93	8	8	4	16	4	2	6	3	0.8468
R 94	8	9	4	18	2	4	5	3	0.8485
R 95	8	9	4	18	4	2	3	4	0.8563
R 96	8	10	4	20	2	4	6	3	0.8400
R 97	8	10	4	20	4	2	6	4	0.8542
R 98	9	4	4	9	3	3	3	1	0.8036
R 99	9	8	4	18	3	3	6	2	0.8036
R100	10	8	4	20	5	2	0	3	0.8232
R101	10	10	4	25	2	5	5	2	0.8077
R102	10	10	4	25	5	2	6	3	0.8265
R103	12	4	4	12	6	2	2	1	0.8134
R104	12	7	4	21	2	6	3	1	0.7857
R105	12	7	4	21	6	2	1	2	0.8166
R106	12	8	4	24	6	2	4	2	0.8134
R107	12	8	4	24	4	3	3	2	0.8159
R108	12	9	4	27	2	6	3	2	0.8148
R109	12	9	4	27	6	2	7	2	0.7941
R110	12	10	4	30	3	4	2	3	0.8165
R111	14	4	4	14	7	2	0	1	0.8029
R112	14	8	4	28	7	2	0	2	0.8029
R113	14	10	4	35	7	2	6	2	0.7951
R114	15	4	4	15	5	3	0	1	0.7955
R115	15	8	4	30	5	3	6	1	0.7292
R116	15	8	4	30	5	3	0	2	0.7955
R117	15	8	4	30	3	5	1	2	0.8003
R118	16	6	4	24	4	4	2	1	0.7937
R119	16	7	4	28	4	4	3	1	0.7792
R120	16	8	4	32	4	4	4	1	0.7609
R121	16	9	4	36	4	4	5	1	0.7407
R122	16	9	4	36	4	4	1	2	0.7977
R123	16	10	4	40	4	4	6	1	0.7200
R124	8	5	5	8	2	4	4	2	0.8960
R125	8	5	5	8	4	2	2	3	0.9126
R126	8	10	5	16	2	4	8	4	0.8960
R127	8	10	5	16	4	2	4	6	0.9126
R128	9	5	5	9	3	3	4	2	0.8862
R129	9	10	5	18	3	3	8	4	0.8862
R130	10	5	5	10	5	2	4	2	0.8816
R131	10	7	5	14	5	2	4	3	0.8880
R132	10	10	5	20	2	5	5	4	0.8877
R133	10	10	5	20	5	2	8	4	0.8816
R134	12	5	5	12	3	4	4	1	0.8123
R135	12	5	5	12	6	2	0	2	0.8656
R136	12	5	5	12	4	3	1	2	0.8696
R137	12	10	5	24	3	4	8	2	0.8123
R138	12	10	5	24	6	2	0	4	0.8656
R139	12	10	5	24	4	3	2	4	0.8696
R140	14	10	5	28	7	2	4	3	0.8611
R141	15	8	5	24	3	5	3	2	0.8547
R142	15	8	5	24	5	3	4	2	0.8514
R143	15	10	5	30	5	3	8	2	0.8195
R144	15	10	5	30	5	3	2	3	0.8563
R145	8	9	6	12	2	4	7	6	0.9516
R146	9	10	6	15	3	3	7	6	0.9370
R147	10	6	6	10	2	5	5	2	0.8974
R148	12	7	6	14	6	2	5	3	0.9066
R149	12	9	6	18	6	2	5	4	0.9087
R150	12	9	6	18	3	4	7	3	0.8910
R151	12	10	6	20	3	4	6	4	0.9059
R152	15	6	6	15	3	5	5	1	0.8167
R153	9	7	7	9	3	3	6	5	0.9635
R154	12	7	7	12	2	6	6	2	0.8980
R155	12	7	7	12	3	4	6	3	0.9236
R156	12	7	7	12	6	2	2	4	0.9333
R157	12	7	7	12	4	3	3	4	0.9343
R158	14	7	7	14	7	2	6	3	0.9190
R159	16	7	7	16	4	4	2	3	0.9132
R160	16	7	7	16	8	2	0	3	0.9102
R161	12	8	8	12	6	2	6	5	0.9543
R162	14	8	8	14	2	7	7	2	0.8980
R163	12	9	9	12	3	4	8	6	0.9681
R164	15	9	9	15	3	5	8	4	0.9428
R165	16	9	9	16	2	8	8	2	0.8979
R166	16	9	9	16	4	4	4	5	0.9477
R167	16	9	9	16	8	2	2	5	0.9467
R168	12	10	10	12	4	3	9	8	0.9816
R169	14	10	10	14	2	7	8	6	0.9676
R170	14	10	10	14	7	2	6	7	0.9691

FYFE, J.L. & GILBERT, N. (1963), Partial Diallel Cross, Biometrics 19, S. 278 - 286

GRIFFING, B. (1956a), Concept of General and Specific Combining Ability in Relation to Diallel Crossing Systems, Austr. J.Biol. Sci. 9, S. 463 - 493

GRIFFING, B. (1956b), A Generalized Treatment of the Use of Diallel Crosses in Quantitative Inheritance, Heredity 10, S. 31 - 50

HAYMAN, B.I. (1954), The Analysis of Variance of Diallel Tables, Biometrics 10, S. 235 - 244

HEDAYAT, A. & FEDERER, W.T. (1974), Pairwise and Variance Balanced Incomplete Block Designs, Ann.Inst.Statist.Math. 26, S. 331 - 338

HINKELMANN, K. & STERN, K. (1960), Kreuzungspläne zur Selektionszüchtung bei Waldbäumen, Silv.genet. 9, S. 121 - 133

JARRETT, R.G. (1977), Bounds for the Efficiency Factor of Block Designs, Biometrika 64, S. 67 - 72

JARRETT, R.G. & HALL, W.B. (1978), Generalized Cyclic Incomplete Block Designs, Biometrika 65, S. 397 - 401

JOHN, J.A. (1965), A Note on the Analysis of Incomplete Block Experiments, Biometrika 52, S. 633 - 636

JOHN, J.A. (1966), Cyclic Incomplete Block Designs, J.Roy. Stat. Soc. B 28, S. 345 - 360

JOHN, J.A. (1973), Generalized Cyclic Designs in Factorial Experiments, Biometrika 60, S. 55 - 63

JOHN, J.A. & MITCHELL, T.J. (1977), Optimal Incomplete Block Designs, J.Roy.Stat.Soc. B 39, S. 39 - 43

JOHN, J.A. & TURNER, G. (1977), Some New Group Divisible Designs, J.Statist. Planning Infer. 1, S. 103 - 107

JOHN, J.A., WOLOCK, F.W. & DAVID, H.A. (1972), Cyclic Designs, Nat.Bur. Stand. Appl.Math. Ser. 62

JOHN, P.W.M. (1966), An Extension of the Triangular Association Scheme to Three Associate Classes, J.Roy.Stat.Soc. B 28, S. 361 - 365

JOHN, P.W.M. (1971), Statistical Design and Analysis of Experiments, The Macmillan Company, New York

Tab. 20: Dreieckspläne

Nr.	v	r	k	b	λ_1	λ_2	E
D 1	10	6	2	30	1	0	0.5263
D 2	10	3	2	15	0	1	0.4545
D 3	10	6	2	30	0	2	0.4545
D 4	10	9	2	45	0	3	0.4545
D 5	15	8	2	60	1	0	0.5048
D 6	15	6	2	45	0	1	0.4953
D 7	10	3	3	10	1	0	0.7018
D 8	10	6	3	20	2	0	0.7018
D 9	10	9	3	30	3	0	0.7018
D10	10	6	3	20	1	2	0.7317
D11	10	9	3	30	1	4	0.7055
D12	15	4	3	20	1	0	0.6731
D13	15	8	3	40	2	0	0.6731
D14	15	3	3	15	0	1	0.6604
D15	15	6	3	30	0	2	0.6604
D16	15	10	3	50	1	2	0.7089
D17	15	9	3	45	0	3	0.6604
D18	10	2	4	5	1	0	0.7895
D19	10	4	4	10	2	0	0.7895
D20	10	6	4	15	3	0	0.7895
D21	10	8	4	20	4	0	0.7895
D22	10	10	4	25	5	0	0.7895
D23	10	4	4	10	1	2	0.8232
D24	10	8	4	20	3	2	0.8307
D25	10	10	4	25	4	2	0.8265
D26	10	8	4	20	2	4	0.8232
D27	10	10	4	25	3	4	0.8317
D28	15	8	4	30	3	0	0.7572
D29	10	3	5	6	1	2	0.8780
D30	10	6	5	12	3	2	0.8861
D31	10	6	5	12	2	4	0.8780
D32	10	9	5	18	3	6	0.8780
D33	15	2	5	6	1	0	0.8077
D34	15	4	5	12	2	0	0.8077
D35	15	6	5	18	3	0	0.8077
D36	15	8	5	24	4	0	0.8077
D37	15	10	5	30	5	0	0.8077
D38	10	3	6	5	2	1	0.9184
D39	10	6	6	10	4	2	0.9184
D40	10	9	6	15	6	3	0.9184
D41	10	6	6	10	3	4	0.9241
D42	15	6	6	15	3	1	0.8792
D43	15	4	6	10	1	2	0.8861
D44	15	10	6	25	4	3	0.8917
D45	15	8	6	20	2	4	0.8861
D46	10	7	7	10	5	4	0.9514
D47	15	6	9	10	3	4	0.9511
D48	15	9	9	15	6	4	0.9500
D49	15	4	10	6	3	2	0.9618
D50	15	8	10	12	6	4	0.9618

Tab. 2E: Quadratpläne

Nr.	v	r	k	b	λ_1	λ_2	E
Q 1	9	4	2	18	0	1	0.5000
Q 2	9	4	2	18	1	0	0.5000
Q 3	9	8	2	36	2	0	0.5000
Q 4	16	6	2	48	1	0	0.4762
Q 5	16	9	2	72	0	1	0.5128
Q 6	9	2	3	6	1	0	0.6667
Q 7	9	4	3	12	2	0	0.6667
Q 8	9	6	3	18	3	0	0.6667
Q 9	9	8	3	24	4	0	0.6667
Q10	9	10	3	30	5	0	0.6667
Q11	9	6	3	18	1	2	0.7407
Q12	9	8	3	24	1	3	0.7292
Q13	9	10	3	30	2	3	0.7467
Q14	9	10	3	30	1	4	0.7200
Q15	16	6	3	32	2	0	0.6349
Q16	16	9	3	48	2	0	0.6838
Q17	16	3	3	16	0	1	0.6349
Q18	16	6	3	32	0	2	0.6349
Q19	16	9	3	48	0	2	0.6838
Q20	16	9	3	48	0	3	0.6349
Q21	9	4	4	9	1	2	0.8333
Q22	9	8	4	18	2	4	0.8333
Q23	16	2	4	8	1	0	0.7143
Q24	16	3	4	12	1	0	0.7692
Q25	16	4	4	16	2	0	0.7143
Q26	16	6	4	24	2	0	0.7692
Q27	16	6	4	24	3	0	0.7143
Q28	16	9	4	36	3	0	0.7692
Q29	16	8	4	32	4	0	0.7143
Q30	16	10	4	40	5	0	0.7143
Q31	16	3	4	12	0	1	0.7692
Q32	16	7	4	28	2	1	0.7937
Q33	16	8	4	32	2	1	0.7955
Q34	16	9	4	36	3	1	0.7843
Q35	16	6	4	24	0	2	0.7692
Q36	16	7	4	28	1	2	0.7937
Q37	16	8	4	32	1	2	0.7955
Q38	16	9	4	36	1	3	0.7843
Q39	16	9	4	36	0	3	0.7692
Q40	9	5	5	9	2	3	0.8960
Q41	9	10	5	18	4	6	0.8960
Q42	9	4	6	6	3	2	0.9333
Q43	9	8	6	12	6	4	0.9333
Q44	16	7	7	16	4	2	0.9070
Q45	16	6	8	12	4	2	0.9259
Q46	16	9	8	18	5	3	0.9302
Q47	16	9	8	18	3	5	0.9302
Q48	16	9	9	16	6	4	0.9456

Tab. 2F: Zyklische Pläne

Nr.	v	r	k	b	λ_1	λ_2	E
Z 1	5	2	2	5	1	0	0.5000
Z 2	5	4	2	10	2	0	0.5000
Z 3	5	6	2	15	3	0	0.5000
Z 4	5	8	2	20	4	0	0.5000
Z 5	5	10	2	25	5	0	0.5000
Z 6	5	6	2	15	2	1	0.6111
Z 7	5	8	2	20	3	1	0.5938
Z 8	5	10	2	25	4	1	0.5800
Z 9	5	10	2	25	3	2	0.6200
Z10	13	6	2	39	1	0	0.5000
Z11	5	3	3	5	2	1	0.8148
Z12	5	6	3	10	4	2	0.8148
Z13	5	9	3	15	6	3	0.8148
Z14	5	9	3	15	5	4	0.8313
Z15	13	3	3	13	1	0	0.6667
Z16	13	6	3	26	2	0	0.6667
Z17	13	9	3	39	3	0	0.6667
Z18	13	9	3	39	1	2	0.7160
Z19	13	8	4	26	1	3	0.7969
Z20	13	6	6	13	3	2	0.9000
Z21	13	7	7	13	4	3	0.9271
Z22	13	10	10	13	8	7	0.9747

Tab. 2G: Restliche Pläne

Nr.	v	r	k	b	λ_1	λ_2	E
P 1	16	5	2	40	1	0	0.4800
P 2	16	6	2	48	1	0	0.4762
P 3	16	10	2	80	1	0	0.5143
P 4	16	10	2	80	2	0	0.4800
P 5	16	9	2	72	0	1	0.5517
P 6	15	3	3	15	1	0	0.6604
P 7	15	6	3	30	2	0	0.6604
P 8	15	9	3	45	3	0	0.6604
P 9	16	3	3	16	1	0	0.6349
P10	16	6	3	32	2	0	0.6349
P11	16	9	3	48	3	0	0.6349
P12	16	9	3	48	0	2	0.6838
P13	16	3	4	12	0	1	0.7692
P14	16	6	4	24	0	2	0.7692
P15	16	9	4	36	0	3	0.7692
P16	16	10	5	32	4	0	0.8229
P17	16	7	7	16	4	2	0.9070
P18	16	5	8	10	1	3	0.9231
P19	16	9	8	18	3	5	0.9302
P20	16	10	8	20	2	6	0.9231
P21	16	9	9	16	6	4	0.9456

Tab. 3:

Nr.	v	r	k	b	E
AZ 1	6	2	2	6	0.4286
AZ 2	6	3	2	9	0.5556
AZ 3	6	4	2	12	0.5769
AZ 4	6	7	2	21	0.5870
AZ 5	7	2	2	7	0.3750
AZ 6	7	4	2	14	0.5417
AZ 7	7	8	2	28	0.5730
AZ 8	7	10	2	35	0.5770
AZ 9	8	2	2	8	0.3333
AZ 10	8	3	2	12	0.4876
AZ 11	8	4	2	16	0.5385
AZ 12	8	5	2	20	0.5430
AZ 13	8	6	2	24	0.5600
AZ 14	8	9	2	36	0.5620
AZ 15	8	10	2	40	0.5630
AZ 16	9	2	2	9	0.3000
AZ 17	9	4	2	18	0.5092
AZ 18	9	6	2	27	0.5455
AZ 19	9	10	2	45	0.5550
AZ 20	10	2	2	10	0.2727
AZ 21	10	3	2	15	0.4361
AZ 22	10	4	2	20	0.5000
AZ 23	10	5	2	25	0.5294
AZ 24	10	6	2	30	0.5248
AZ 25	10	7	2	35	0.5398
AZ 26	10	8	2	40	0.5488
AZ 27	11	2	2	11	0.2500
AZ 28	11	4	2	22	0.4866
AZ 29	11	6	2	33	0.5210
AZ 30	11	8	2	44	0.5376
AZ 31	12	2	2	12	0.2308
AZ 32	12	3	2	18	0.3945
AZ 33	12	4	2	24	0.4793
AZ 34	12	5	2	30	0.5018
AZ 35	12	6	2	36	0.5238
AZ 36	12	7	2	42	0.5238
AZ 37	12	8	2	48	0.5323
AZ 38	12	9	2	54	0.5366
AZ 39	12	10	2	60	0.5410
AZ 40	13	2	2	13	0.2143
AZ 41	13	4	2	26	0.4688
AZ 42	13	6	2	39	0.5082
AZ 43	13	8	2	52	0.5233
AZ 44	13	10	2	65	0.5334
AZ 45	14	2	2	14	0.2000
AZ 46	14	3	2	21	0.3599
AZ 47	14	4	2	28	0.4588
AZ 48	14	5	2	35	0.4874
AZ 49	14	6	2	42	0.5061
AZ 50	14	7	2	49	0.5200
AZ 51	14	8	2	56	0.5184
AZ 52	14	9	2	63	0.5232
AZ 53	14	10	2	70	0.5265
AZ 54	15	2	2	15	0.1875
AZ 55	15	4	2	30	0.4512
AZ 56	15	6	2	45	0.5000
AZ 57	15	8	2	60	0.5118
AZ 58	15	10	2	75	0.5250
AZ 59	16	4	2	32	0.4404
AZ 60	16	5	2	40	0.4782
AZ 61	16	6	2	48	0.4941
AZ 62	16	7	2	56	0.5039
AZ 63	16	8	2	64	0.5172
AZ 64	16	9	2	72	0.5168
AZ 65	16	10	2	80	0.5192
AZ 66	6	3	3	6	0.7873
AZ 67	6	4	3	8	0.7896
AZ 68	6	5	3	10	0.7739
AZ 69	6	6	3	12	0.7953
AZ 70	7	3	3	7	0.7778
AZ 71	7	6	3	14	0.7632
AZ 72	7	9	3	21	0.7711
AZ 73	8	3	3	8	0.7483
AZ 74	8	6	3	16	0.7561
AZ 75	8	9	3	24	0.7591
AZ 76	9	3	3	9	0.7252
AZ 77	9	4	3	12	0.7101
AZ 78	9	5	3	15	0.7173
AZ 79	9	6	3	18	0.7473
AZ 80	9	7	3	21	0.7445
AZ 81	9	8	3	24	0.7413
AZ 82	9	9	3	27	0.7471
AZ 83	9	10	3	30	0.7471
AZ 84	10	3	3	10	0.7041
AZ 85	10	6	3	20	0.7325
AZ 86	11	3	3	11	0.6825
AZ 87	11	6	3	22	0.7265
AZ 88	11	9	3	33	0.7303
AZ 89	12	3	3	12	0.6774
AZ 90	12	4	3	16	0.7052
AZ 91	12	6	3	24	0.6835
AZ 92	12	8	3	32	0.7107
AZ 93	12	9	3	36	0.7229
AZ 94	12	10	3	40	0.7248
AZ 95	13	3	3	13	0.6706
AZ 96	13	6	3	26	0.7222
AZ 97	13	9	3	39	0.7170
AZ 98	14	3	3	14	0.6575
AZ 99	14	6	3	28	0.6575
AZ100	14	9	3	42	0.7125
AZ101	15	3	3	15	0.6463
AZ102	15	4	3	20	0.6823
AZ103	15	6	3	30	0.7075
AZ104	15	7	3	35	0.7143
AZ105	15	8	3	40	0.7098
AZ106	15	9	3	45	0.7089
AZ107	15	10	3	50	0.7095
AZ108	16	3	3	16	0.6304
AZ109	6	4	4	6	0.8948
AZ110	6	6	4	9	0.8978

AZ111	7	4	4	7	0.8750
AZ112	7	8	4	14	0.8707
AZ113	8	4	4	8	0.8506
AZ114	8	5	4	10	0.8546
AZ115	8	6	4	12	0.8497
AZ116	8	7	4	14	0.8512
AZ117	8	8	4	16	0.8552
AZ118	8	9	4	18	0.8546
AZ119	8	10	4	20	0.8561
AZ120	9	4	4	9	0.8350
AZ121	9	8	4	18	0.8438
AZ122	10	2	4	5	0.6923
AZ123	10	4	4	10	0.8241
AZ124	10	8	4	20	0.8310
AZ125	10	10	4	25	0.8318
AZ126	11	4	4	11	0.8173
AZ127	11	8	4	22	0.8223
AZ128	12	2	4	6	0.6226
AZ129	12	4	4	12	0.8138
AZ130	12	5	4	15	0.8108
AZ131	12	6	4	18	0.8127
AZ132	12	7	4	21	0.8016
AZ133	12	8	4	24	0.8162
AZ134	12	9	4	27	0.8156
AZ135	12	10	4	30	0.8166
AZ136	13	4	4	13	0.8125
AZ137	13	8	4	26	0.7981
AZ138	14	2	4	7	0.5652
AZ139	14	4	4	14	0.8033
AZ140	14	6	4	21	0.8015
AZ141	14	8	4	28	0.8056
AZ142	14	10	4	35	0.8056
AZ143	15	4	4	15	0.7959
AZ144	15	8	4	30	0.8005
AZ145	16	2	4	8	0.5142
AZ146	16	4	4	16	0.7872
AZ147	7	5	5	7	0.9310
AZ148	7	10	5	14	0.9328
AZ149	8	5	5	8	0.9128
AZ150	8	10	5	16	0.9137
AZ151	9	5	5	9	0.8966
AZ152	9	10	5	18	0.9000
AZ153	10	5	5	10	0.8861
AZ154	10	10	5	20	0.8879
AZ155	11	5	5	11	0.8800
AZ156	12	5	5	12	0.8697
AZ157	12	10	5	24	0.8716
AZ158	13	5	5	13	0.8620
AZ159	13	10	5	26	0.8655
AZ160	14	5	5	14	0.8556
AZ161	14	10	5	28	0.8556
AZ162	15	5	5	15	0.8510
AZ163	15	6	5	18	0.8536
AZ164	15	10	5	30	0.8564
AZ165	16	5	5	16	0.8470
AZ166	8	6	6	8	0.9512
AZ167	8	9	6	12	0.9518
AZ168	9	6	6	9	0.9363
AZ169	9	8	6	12	0.9356
AZ170	9	10	6	15	0.9359
AZ171	10	3	6	5	0.9083
AZ172	10	6	6	10	0.9243
AZ173	11	6	6	11	0.9167
AZ174	12	2	6	4	0.8462
AZ175	12	3	6	6	0.8889
AZ176	12	6	6	12	0.9073
AZ177	12	7	6	14	0.9081
AZ178	12	9	6	18	0.9050
AZ179	12	10	6	20	0.9064
AZ180	13	6	6	13	0.9002
AZ181	14	3	6	7	0.8835
AZ182	14	6	6	14	0.8951
AZ183	14	9	6	21	0.8963
AZ184	15	2	6	5	0.7778
AZ185	15	6	6	15	0.8914
AZ186	15	8	6	20	0.8858
AZ187	16	3	6	8	0.8633
AZ188	9	7	7	9	0.9636
AZ189	10	7	7	10	0.9515
AZ190	11	7	7	11	0.9421
AZ191	12	7	7	12	0.9344
AZ192	13	7	7	13	0.9272
AZ193	15	7	7	15	0.9184
AZ194	16	7	7	16	0.9131
AZ195	10	8	8	10	0.9718
AZ196	11	8	8	11	0.9619
AZ197	12	2	8	3	0.9429
AZ198	12	4	8	6	0.9487
AZ199	12	8	8	12	0.9543
AZ200	13	8	8	13	0.9472
AZ201	14	4	8	7	0.9381
AZ202	14	8	8	14	0.9416
AZ203	16	2	8	4	0.8824
AZ204	16	4	8	8	0.9238
AZ205	16	8	8	16	0.9325
AZ206	11	9	9	11	0.9775
AZ207	12	3	9	4	0.9670
AZ208	12	9	9	12	0.9693
AZ209	13	9	9	13	0.9630
AZ210	14	9	9	14	0.9568
AZ211	15	3	9	5	0.9390
AZ212	15	9	9	15	0.9521
AZ213	12	10	10	12	0.9817
AZ214	13	10	10	13	0.9747
AZ215	14	5	10	7	0.9667
AZ216	14	10	10	14	0.9677
AZ217	15	2	10	3	0.9545
AZ218	15	10	10	15	0.9639
AZ219	16	5	10	8	0.9572

Tab. 4:

v	a^{ii}	a^{ij}	$\bar{V}$
4	0.4167	-.0833	1.0000
5	0.2917	-.0417	0.6667
6	0.2250	-.0250	0.5000
7	0.1833	-.0167	0.4000
8	0.1548	-.0119	0.3333
9	0.1339	-.0089	0.2857
10	0.1181	-.0069	0.2500
11	0.1056	-.0056	0.2222
12	0.0955	-.0045	0.2000
13	0.0871	-.0038	0.1818
14	0.0801	-.0032	0.1667
15	0.0742	-.0027	0.1538
16	0.0690	-.0024	0.1429

Tab. 5:

Nr.	v	s	a	b	c	v_1	v_2	$\bar{V}$
R18	6	4	0.3125	-0.0625	0.0625	0.7500	0.5000	0.7000
R29	8	6	0.1875	-0.0208	0.0208	0.4167	0.3333	0.4048
R34	9	6	0.1944	-0.0278	0.0278	0.4444	0.3333	0.4167
R36	10	8	0.1354	-0.0104	0.0104	0.2917	0.2500	0.2870
R38	12	8	0.1406	-0.0156	0.0156	0.3125	0.2500	0.2955
R39	12	9	0.1204	-0.0093	0.0093	0.2593	0.2222	0.2525
R40	12	10	0.1062	-0.0062	0.0062	0.2250	0.2000	0.2227
R41	15	10	0.1100	-0.0100	0.0100	0.2400	0.2000	0.2286
D 1	10	6	0.1905	-0.0238	0.0119	0.4286	0.3571	0.4048
D 5	15	8	0.1375	-0.0125	0.0042	0.3000	0.2667	0.2857
D 2	10	3	0.5417	-0.2083	0.0417	1.5000	1.0000	1.1667
D 6	15	6	0.2024	-0.0357	0.0119	0.4762	0.3810	0.4218
Q 2	9	4	0.3250	-0.0750	0.0250	0.8000	0.6000	0.7000
Q 4	16	6	0.1927	-0.0260	0.0052	0.4375	0.3750	0.4000
Q 1	9	4	0.3250	-0.0750	0.0250	0.8000	0.6000	0.7000
Q 5	16	8	0.1222	-0.0111	0.0056	0.2667	0.2333	0.2533
Z 1	5	2	1.2500	-0.7500	0.2500	4.0000	2.0000	3.0000
Z10	13	6	0.1944	-0.0278	0.0093	0.4444	0.3704	0.4074

Tab. 6:

Nr.		v	s	$a_l (l=1,\ldots,m)$	$\bar{V}$
az	1	5	2	1 0	3.0000
az	2	6	2	0 1 0	1.7000
az	3	6	3	0 1 1	1.1667
az	4	6	4	1 1 0	0.7000
az	5	7	2	1 0 0	4.0000
az	6	7	4	1 1 0	0.7126
az	7	8	3	0 1 0 1	0.9048
az	8	8	4	1 1 0 0	0.6837
az	9	8	5	1 1 0 1	0.5170
az	10	8	6	1 1 1 0	0.4048
az	11	9	2	0 0 1 0	1.6250
az	12	9	4	1 1 0 0	0.6745
az	13	9	6	1 1 1 0	0.4077
az	14	10	2	0 1 0 0 0	2.7222
az	15	10	3	0 1 0 0 1	1.6717
az	16	10	4	0 1 0 1 0	0.6204
az	17	10	5	1 0 0 1 1	0.5000
az	18	10	6	1 1 0 1 0	0.4069
az	19	10	7	1 1 0 1 1	0.3373
az	20	10	8	1 1 1 1 0	0.2870
az	21	11	2	1 0 0 0 0	6.0000
az	22	11	4	1 1 0 0 0	0.6702
az	23	11	6	1 1 1 0 0	0.4016
az	24	11	8	1 1 1 1 0	0.2880
az	25	12	2	0 0 0 1 0 0	1.5909
az	26	12	3	0 0 1 0 0 1	0.8788
az	27	12	4	0 1 0 1 0 0	0.6591
az	28	12	5	0 1 0 1 0 1	0.4727
az	29	12	6	1 1 1 0 0 0	0.3985
az	30	12	7	1 0 0 1 1 1	0.3343
az	31	12	8	1 1 1 1 0 0	0.2882
az	32	12	9	1 1 1 1 0 1	0.2514
az	33	12	10	1 1 1 1 1 0	0.2227
az	34	13	2	1 0 0 0 0 0	7.0000

Nr.		v	s	$a_l (l=1,\ldots,m)$	$\bar{V}$
az	35	13	4	1 1 0 0 0 0	0.6629
az	36	13	6	1 1 1 0 0 0	0.3971
az	37	13	8	1 1 1 0 1 0	0.2868
az	38	13	10	1 1 1 1 1 0	0.2231
az	39	14	2	0 1 0 0 0 0 0	3.7308
az	40	14	3	0 1 0 0 0 0 1	2.1698
az	41	14	4	1 1 0 0 0 0 0	0.6608
az	42	14	5	1 0 0 0 0 1 1	0.4941
az	43	14	6	0 1 0 1 0 1 0	0.3821
az	44	14	7	0 1 0 1 0 1 1	0.3293
az	45	14	8	1 1 1 1 0 0 0	0.2856
az	46	14	9	1 1 1 1 0 0 1	0.2509
az	47	14	10	1 1 1 1 1 0 0	0.2233
az	48	14	11	1 1 1 1 1 0 1	0.2006
az	49	14	12	1 1 1 1 1 1 0	0.1821
az	50	15	2	0 0 0 0 1 0 0	1.5714
az	51	15	4	0 0 1 0 0 1 0	0.6071
az	52	15	6	1 1 1 0 0 0 0	0.3954
az	53	15	8	1 0 0 1 1 1 0	0.2837
az	54	15	10	1 0 1 1 1 1 0	0.2229
az	55	15	12	1 1 1 1 1 1 0	0.1822
az	56	16	3	0 0 0 1 0 0 0 1	0.8667
az	57	16	4	0 1 0 1 0 0 0 0	0.6548
az	58	16	5	1 0 0 0 0 0 1 1	0.4921
az	59	16	6	0 1 0 1 0 1 0 0	0.3889
az	60	16	7	0 1 0 1 0 1 0 1	0.3206
az	61	16	8	1 1 1 1 0 0 0 0	0.2835
az	62	16	9	1 1 0 0 0 1 1 1	0.2491
az	63	16	10	1 1 0 1 1 1 0 0	0.2223
az	64	16	11	1 1 1 1 1 0 0 1	0.2006
az	65	16	12	1 1 1 1 1 1 0 0	0.1823
az	66	16	13	1 1 1 1 1 1 0 1	0.1670
az	67	16	14	1 1 1 1 1 1 1 0	0.1540

LITERATURLISTE

AGGARWAL , K.R. (1974), Analysis of $L_i(s)$ and Triangular Designs, J.Ind.Soc.Agric.Statist. 26, S 3 - 13

AGGARWAL , K.R. (1975), Modified Latin Square Type PBIB Designs, J.Ind.Soc.Agric.Statist. 271, S. 49 - 54

ANDERSON, V.L. & Mc.LEAN, R.A. (1974), Design of Experiments: A Realistic Approach, Marcel Dekker, Inc. New York

BOSE, R.C. (1977), Symmetric Group Divisible Designs with the Dual Property, J.Statist. Planning Infer. 1, S. 87 - 101

BOSE, R.C. & CLATWORTHY, W.H. (1955), Some Classes of Partially Balanced Designs, Ann.Math. Stat. 26, S. 212 - 232

BOSE, R.C., CLATWORTHY, W.H. & SHRIKHANDE, S.S. (1954), Tables of Partially Balanced Designs with Two Associate Classes, North Carolina Agr.Exp.Sta.Tech.Bull. 107

BOSE, R.C. & CONNOR, W.S. (1952), Combinatorial Properties of Group Divisible Incomplete Block Designs, Ann.Math.Stat. 23, S. 367 - 383

BOSE, R.C. & MESNER, D.M. (1959), On Linear Associative Algebra Corresponding to Association Schemes of Partially Balanced Designs, Ann.Math.Stat. 30, S. 21 - 38

BOSE, R.C. & NAIR, K.R. (1939), Partially Balanced Incomplete Block Designs, Sankhya 4, S. 337 - 372

BOSE, R.C. & SHIMAMOTO, T. (1952), Classification and Analysis of Partially Balanced Incomplete Block Designs with Two Associate Classes, J.Am.Stat.Assoc. 47, S. 151 - 184

BOSE, R.C. & SHRIKHANDE, S.S. (1960), On the Composition of Balanced Incomplete Block Designs, Canad. J.Math. 12, S. 177 - 188

CHAKRABARTI, M.C. (1963), On the C-Matrix in Design of Experiments, J.Ind.Statist.Assoc. 1, S. 8 - 23

CLATWORTHY, W.H. (1955), Partially Balanced Incomplete Block Designs with Two Associate Classes and Two Treatments per Block, Nat.Bur.Stand.Jour.Res. 54, S. 177 - 190

CLATWORTHY, W.H. (1956), Contributions on Partially Balanced Incomplete Block Designs with Two Associate Classes, Nat.Bur.Stand.Appl.Math. Ser. 47

CLATWORTHY, W.H. (1967), Some New Families of Partially Balanced Designs of the Latin Square Type and Related Designs, Technometrics 9, S. 229 - 244

CLATWORTHY, W.H. (1973), Tables of Two-Associate Class Partially Balanced Designs, Nat.Bur.Stand.Appl.Math. Ser. 63

COCHRAN, W.G. & COX, G.M. (1957), Experimental Design, John Wiley & Sons, Inc.; New York-London-Sidney

CONNIFFE, E. & STOANE, J. (1974), The Efficiency Factor of a Class of Incomplete Block Designs, Biometrika 61, S. 633 - 636

CONNIFFE, E.& STOANE, J. (1975), Some Incomplete Block Designs of Maximum Efficiency, Biometrika 62, S. 685 - 686

CONNOR, W.S. & CLATWORTHY, W.H. (1954), Some Theorems for Partially Balanced Designs, Ann.Math.Stat. 25, S. 100 - 112

CURNOW, R.N. (1963), Sampling the Diallel Cross, Biometrics 19, S 287 - 306

DAVID, H.A. (1965), Enumeration of Cyclic Paired - Comparison Designs, Amer.Math.Monthly 72, S. 241 - 248

DAVID, H.A. & WOLOCK, F.W. (1965), Cyclic Designs, Ann.Math.Stat. 36, S. 1526 - 1534

DEY, A. (1975), A Note on Balanced Designs, Sankhya B 37, S. 461 - 462

DEY, A. (1977), Construction of Regular Group Divisible Designs, Biometrika 64, S. 647 - 649

DEY, A. & MIDHA, C.K. (1974), On a Class of PBIB Designs, Sankhya B 36, S. 320 - 322

ECCLESTON, J.A. & HEDAYAT, A. (1974), On the Theory of Connected Designs: Characterization and Optimality, Ann.Stat. 2, S. 1238 - 1255

FEDERER, W.T. (1976), Sampling, Blocking and Model Consideration for the Completely Randomized, Randomized Complete Block and Incomplete Block Experiment Designs, Biom.Zeitschr. 18, S. 511 - 525

FISHER, R.A. & YATES, F. (1963), Statistical Tables for Biological, Agricultural and Medical Research (6.Aufl.), Oliver & Boyd, Edinburgh

FREEMAN, G.H. (1976), A Cyclic Method of Constructing Regular Group Divisible Incomplete Block Designs, Biometrika 63, S. 555 - 558

KAGEYAMA, S. & TSUJI, T. (1977), Characterization of Certain Incomplete Block Designs, J.Statist. Planning Infer. 1, S. 151 - 161

KEMPTHORNE, O. (1952), Design and Analysis of Experiments, John Wiley & Sons, Inc. New York

KEMPTHORNE, O. (1953), A Class of Experimental Designs Using Blocks of Two Plots, Ann.Math.Stat. 24, S. 76 - 84

KEMPTHORNE, O. (1956a), The Theory of the Diallel Cross, Genetics 41, S. 451 - 459

KEMPTHORNE, O. (1956b), The Efficiency Factor of an Incomplete Block Design, Ann.Math.Stat. 27, S. 846 - 849

KEMPTHORNE, O. & CURNOW, R.N. (1961), The Partial Diallel Cross, Biometrics 17, S. 229 - 250

KENDALL, M.G. & STUART, A. (1968), The Advanced Theory of Statistics, Charles Griffin & Company Limited, London

MATHER, K. & JINKS, J.L. (1977), Introduction to Biometrical Genetics, Chapman and Hall, London

MERZ, F. & STELZL, I. (1977), Einführung in die Erbpsychologie, Verlag W. Kohlhammer GmbH, Stuttgart, Berlin, Köln, Mainz

MESNER, D.M. (1965), A Note on the Parameters of PBIB Association Schemes, Ann.Math.Stat. 36, S. 331 - 336

MONTGOMERY, D.C. (1976), Design and Analysis of Experiments, John Wiley & Sons; New York-London-Sidney

NAIR, K.R. (1944), The Recovery of Interblock Information in Incomplete Block Designs, Sankhya 6, S. 383 - 390

NAIR, K.R. (1952), Analysis of Partially Balanced Incomplete Block Designs Illustrated on the Simple Square and Rectangular Lattices, Biometrics 8, S. 122 - 155

PURI, P.D. & NIGAM, A.K. (1975a), On Patterns of Efficiency-Balanced Designs, J.Roy.Stat.Soc. B 37, S. 457 - 458

PURI, P.D. & NIGAM, A.K. (1975b), A Note on Efficiency Balanced Designs, Sankhya B 37, S. 457 - 460

PURI, P.D. & NIGAM, A.K. (1977a), Partially Efficiency Balanced Designs, Commun.Statist.-Theor.Meth. A 6, S. 753 - 771

PURI, P.D. & NIGAM, A.K. (1977b), Balanced Block Designs, Commun.Statist. Theor.Meth. A 6, S. 1171 - 1179

RAGHAVARAO, D. (1960), A Generalization of Group Divisible Designs, Ann.Math.Stat. 31, S. 756 - 771

RAGHAVARAO, D. (1971), Constructions and Combinatorial Problems in Design of Experiments, John Wiley & Sons, New York-London-Sidney

RAO, C.R. (1947), General Methods of Analysis for Incomplete Block Designs, J.Am.Stat. Assoc. 42, S. 541 - 561

RAO, C.R. (1958), A Note on Balanced Designs, Ann.Math.Stat. 29, S 290 - 294

RASCH, D., HERRENDÖRFER, G., BOCK, J. & BUSCH, K. (1978), Verfahrensbibliothek: Versuchsplanung und -auswertung, VEB Deutscher Landwirtschaftsverlag Berlin

REIHER, W. (1975), Planung von unvollständigen diallelen Kreuzungsversuchen, Biom.Zeitschr. 17, S. 507 - 512

ROY, P.M. (1953), Hierarchical Group Divisible Incomplete Block Designs with m Associate Classes, Science and Culture 19, S. 210 - 211

SCHEFFE, H. (1959), The Analysis of Variance, John Wiley & Sons, Inc. New York - London - Sidney

SEARLE, S.R. (1971), Linear Models, John Wiley & Sons, Inc.New York - London - Sidney

SHAH, B.V. (1959), A Generalization of Partially Balanced Incomplete Block Designs, Ann.Math.Stat. 30, S. 1041 - 1050

SHRIKHANDE, S.S. (1965), On a Class of Partially Balanced Incomplete Block Designs, Ann.Math.Stat. 36, S. 1807 - 1814

SINHA, K. (1977), On the Construction of m-Associate PBIB Designs, J.Statist.Planning Inf. 1, S. 133 - 142

SPRAGUE, G.F. & TATUM, L.A. (1942), General vs. Specific Combining Ability in Single Crosses of Corn, Agrom.J. 34, S. 923 - 932

SPROTT, D.A. (1956), A Note on Combined Interblock and Intrablock Estimation in Incomplete Block Designs, Ann.Math.Stat. 27, S. 633 - 641

STAHLY, G.F. (1976), A Construction for PBIB(2)'s, J.Comb. Theory A 21, S 250 - 252

THARTHARE, S.K. (1963), Right Angular Designs, Ann.Math.Stat. 34, S. 1057 - 1067

THARTHARE, S.K. (1965), Generalized Right Angular Designs, Ann.Math. Stat. 36, S. 1535 - 1553

THOMPSON, B.K. (1975), A Note on Griffing's Model for the Diallel Cross, J.Agric. Sci. 85, S. 575 - 576

THOMPSON, W.A. (1956), A Note on the Balanced Incomplete Block Designs, Ann.Math.Stat. 27, S. 842 - 846

TOCHER, K.D. (1952), The Design and Analysis of Block Experiments, J.Roy.Stat.Soc. B 14, S. 45 - 91

VARTAK, M.N. (1959), The Non-Existence of Certain PBIB-Designs, Ann.Math.Stat. 30, S. 1051 - 1062

WALTERS, D.E. & MORTON, J.R. (1978), On the Analysis of Variance of a Half Diallel Table, Biometrics 34, S. 91 - 94

WILLIAMS, E.R. (1976), Efficiency-Balanced Designs, Biometrika 62, S. 686 - 689

YATES, F. (1940), The Recovery of Interblock Information in Balanced Incomplete Block Designs, Ann.Eug. 10, S. 317 - 325

YATES, F. (1970), Experimental Design: Selected Papers, Charles Griffin & Company Limited, London

ZELEN, M. (1954), A Note on Partially Balanced Designs, Ann.Math. Stat. 29, S. 766 - 779

ZOELLNER, J.A. & KEMPTHORNE, O. (1954), Incomplete Block Designs with Blocks of Two Plots, Agr.Exp.Stat.Res.Bull. 418, Iowa State College, Ames, Iowa, S. 170 - 179

ZURMÜHL, R. (1964), Matrizen, Springer Verlag Berlin - Göttingen - Heidelberg

L E B E N S L A U F

Ich, Wilfried Renner, wurde am 28.11.1951 als Sohn des Josef und der Elfriede Renner in Lenzing/O.Ö. geboren. Nach dem Besuch der Volksschule trat ich im Schuljahr 1962/63 in das Bundesrealgymnasium Vöcklabruck ein, wo ich im Jahre 1970 mit Auszeichnung maturierte. Im WS 1971/72 immatrikulierte ich an der (heutigen) Johannes Kepler Universität Linz; zunächst inskribierte ich die Studienrichtung "Betriebswirtschaft", stieg aber im SS 1972 auf "Sozial- und Wirtschaftsstatistik" um. In der Zeit vom 1.2.1972 bis zum 31.1.1976 war ich als Studienassistent am Institut für Sozial- und Wirtschaftsstatistik tätig.

Im Juli 1974 heiratete ich meine Frau Karin (geb. Rupprich). Ich verfaßte eine Diplomarbeit über "Hierarchische Verfahren der Clusteranalyse" und spondierte am 1.4.1976 zum Magister der Sozial- und Wirtschaftswissenschaften. Seit diesem Zeitpunkt bin ich als Universitätsassistent am Institut für Angewandte Statistik an der Universität Linz beschäftigt. Neben meiner mit dieser Funktion einhergehenden Lehrtätigkeit aus "Statistischer Methodenlehre" und "Wahrscheinlichkeitsrechnung" beschäftige ich mich speziell mit statistischer Qualitätskontrolle und Problemen der Versuchsplanung, einem Gebiet, dem meine Dissertation über unvollständige Blockpläne zuzurechnen ist.

W. Renner

K U R Z A U S Z U G

In klassischen Abhandlungen über die Versuchsplanung wird auf die Bedeutung der Blockbildung als Möglichkeit zur Elimination von Störfaktoren hingewiesen, deren Ursache oft in der (physischen oder genetischen) Verschiedenheit der Versuchseinheiten begründet ist. Vollständige Blockpläne, bei denen es - im Gegensatz zu unvollständigen Blockplänen - für jede Faktorstufe in jedem Block eine Beobachtung gibt, sind grundsätzlich zu bevorzugen; ihre Anwendung erscheint jedoch dann nicht zweckmäßig, wenn die durch die Anzahl der Faktorstufen determinierte Größe der Blöcke die mit der Blockbildung angestrebte Homogenität innerhalb einer Gruppe von Versuchseinheiten vereiteln würde, sie ist sogar unmöglich, wenn (physische) Blöcke von Natur aus zu klein sind, als daß alle Faktorstufen in den Parzellen eines Blocks Platz fänden.

Die Behandlung unvollständiger Blockpläne führt auf für die Versuchsplanung neuartige Fragestellungen, vor allem im Zusammenhang mit den Konzepten der Verbundenheit und Ausgewogenheit von Blockplänen. Diese bilden zusammen mit Effizienzbetrachtungen die wichtigsten Kriterien bei der Beurteilung verschiedener Pläne. Besondere Aufmerksamkeit wird der Untersuchung der algebraischen Struktur und der Eigenschaften der sog. "Interblockmatrizen" diverser unvollständiger Blockpläne beigemessen.

Modifikationen in den Modellannahmen führen auf den speziellen Fragenkomplex der Interblockanalyse, die ihrerseits Ausgangspunkt für eine spezielle Anwendungsmöglichkeit unvollständiger Blockpläne ist:es wird untersucht, wie Paarvergleichspläne mit speziellen Parametern bei der Durchführung halbdialleler Kreuzungsexperimente eingesetzt werden können. Im Mittelpunkt der Untersuchung stehen unvollständige Kreuzungsexperimente, bei denen im Gegensatz zu vollständigen Kreuzungsexperimenten jeder Stamm nur mit einem Teil der restlichen Stämme gekreuzt wird. Effizienzüberlegungen stehen auch dabei wieder im Vordergrund.

Bisher erschienene Dissertationen der Johannes Kepler Universität Linz, herausgegeben im Auftrag des Senates von o. Univ. Prof. Dr. Gustav Otruba:

Bd. 1: Hans-Wolf Sievert, Einstellung- und Verhaltensweisen junger Arbeiter in Arbeit und Beruf, Wien 1974, 330 S.

Bd. 2: Jörn Peter Hasso Möller, Wandel der Berufsstruktur in Österreich zwischen 1869 und 1961, Wien 1974, 291 S.

Bd. 3: Liselotte Wilk/Hermann Denz, Die Linzer Studenten 1973, Wien 1974, 379 S.

Bd. 4: Stefan Stadler, Jackson-Timan-Bernstein-Sätze für Funktionen einer und zweier Variabler, Wien 1975, 137 S.

Bd. 5: Christian Schmierer, Soziale Bestimmungsgründe des Studienerfolges, Wien 1976, 184 S.

Bd. 6: Gerhard Arminger, Loglineare Modelle zur Analyse nominal skalierter Variablen, Wien 1976, 157 S.

Bd. 7: Manfred Pils, Modellsysteme zur Erklärung fertigungswirtschaftlicher Prozesse, Wien 1976, 215 S.

Bd. 8: Josef Gunz, Soziologische Bedeutung und Grenzen sprachlicher Kommunikation, Wien 1977, 164 S.

Bd. 9: Werner Haslehner, Die Entwicklung der landwirtschaftlichen Genossenschaften in Oberösterreich, Wien 1977, 207 S.

Bd.10: Erwin Holzhammer, Arbeitsdifferenzierung, Berufsentstehung und ökonomisch-gesellschaftliches System, Wien 1977, 134 S.

Bd.11: Franz Peherstofer, Lineare und nicht-lineare L^1-Approximation, Wien 1978, 133 S.

Bd.12: Josef Fendt, Die Textilindustrie Oberösterreichs, Wien 1978, 195 S.

Bd.13: Herbert Kofler, Die körperschaftsteuerlichen Reformvorschläge und ihre Beurteilung in betriebswirtschaftlicher Sicht, Wien 1978, 199 S.

Bd. 14: Herbert Vorbach, Integrationstheorie und Messung von Integrationswirkungen, Wien 1979, 130 S.

Bd. 15: Josef Schwarzlmüller, Die Berufslaufbahn (Lehrling-Geselle-Meister) in den Handwerkszünften Oberösterreichs, Wien 1979, 244 S.

Bd. 16: Johann Bertl, Aspekte der Steuerplanung in Österreich mit Hilfe der Teilsteuerrechnung, Wien 1979, 155 S.

Bd. 17: Berthold Rauchenschwantner, Gibbsprozesse und Papangeloukerne, Wien 1980, 120 S.

Bd. 18: Friedrich Bauer, Wirtschaftstheoretische Probleme der Unternehmensverfassung, Wien 1980, 194 S.

Bd. 19: Alice Peneder, Die Schulleistungen als Sozialisationsphänomen, Wien 1980, 259 S.

Bd. 20: Joachim Nemella, Politisches Wissen und Bewußtsein von Studienanfängern, Wien 1980, 173 S.

Bd. 21: Wilfried Renner, Planung und Anwendung von unvollständigen Blockversuchen, Wien 1980, 174 S.